声震法强化煤层气高效抽采的机理

姜永东　鲜晓东　宋　晓　郭臣业　周东平　著

U0318926

科学出版社

北　京

内 容 简 介

本书围绕煤层气高效抽采这一重要科学问题，采用实验研究、数值模拟、理论研究、现场试验研究等方法，对声波在煤气多孔介质中传播的波动方程与衰减规律、声场作用下煤层气的吸附/解吸特性及模型、多场耦合作用下煤层气的渗流方程、声震法提高煤层气抽采率的现场试验进行了研究，研究成果强化了煤层气的高效抽采，减少了煤中煤层气的含量，从而可以减少煤矿瓦斯事故。

本书可供采矿、煤矿安全及相关领域的科研人员、工程技术人员、研究生和本科生参考使用。

图书在版编目(CIP)数据

声震法强化煤层气高效抽采的机理/姜永东等著.—北京：科学出版社，2014.8
ISBN 978-7-03-041758-9

Ⅰ.①声… Ⅱ.①姜… Ⅲ.①煤层–地下气化煤气–瓦斯抽放–研究
Ⅳ.①TD712

中国版本图书馆 CIP 数据核字（2014）第 196230 号

责任编辑：李小锐　杨　岭 / 责任校对：韩雨舟
责任印制：余少力 / 封面设计：墨创文化

科 学 出 版 社 出版
北京东黄城根北街16号
邮政编码：100717
http://www.sciencep.com

四川煤田地质制图印刷厂印刷
科学出版社发行　各地新华书店经销
*

2014 年 8 月第 一 版　开本：B5（720*1000）
2014 年 8 月第一次印刷　印张：10.25
字数：210 千字
定价：58.00 元

前　言

我国煤层气储量丰富，由于煤矿地质条件复杂，煤储层渗透率极低，因此，煤层气的高效抽采成为矿业界的一大难题。目前针对高效开发煤层气，国内外提出了一些激励技术，其中物理场激励技术得到了专家学者的关注。

本书基于声震法提高煤层气抽采率的机理，采用实验研究、理论研究、数值模拟、现场试验相结合的方法，分析了声波在煤-气多孔介质中的传播规律及衰减特征，实验研究了声场作用下甲烷的吸附/解吸特性，以及多场耦合作用下甲烷的渗流特性，数值模拟与现场试验研究了声震法强化煤层气渗流，建立了声场作用下甲烷吸附/解吸模型和应力场、温度场、声场耦合作用下的煤层气渗流方程，分析了声震法强化煤层气解吸、扩散、渗流的机理。

本书共7章。第1章介绍了研究意义、国内外研究现状及主要内容，第2章介绍了可控声震法实验系统设计，第3章论述了声波在煤储层中的传播及衰减规律，第4章论述了不加声场和加声场作用下甲烷吸附解吸特性及模型，第5章论述了声震法促进煤层气解吸扩散的机理，第6章论述了声震法提高煤储层渗透率的机理，第7章介绍了声震法促进煤层气渗流的现场试验研究。

本书得到了国家重点基础研究发展计划（973计划）（2014CB239204）、教育部创新团队发展计划（IRT13043）、教育部科学技术研究重点项目（109130）、中央高校基本科研业务费科研专项自然科学类重大项目（CDJZR12248801）、重庆市前沿与应用基础研究计划（cstc2013jcyjys001，cstc2014jcyjA1189）及煤矿灾害动力与控制国家重点实验室的资助，并得到科学出版社的大力支持，在此一并致谢！

限于作者水平有限，书中难免有欠妥之处，恳请读者不吝指正。

作　者
2014年7月于重庆

目　　录

第 1 章 绪 论

1.1 研究意义

煤层气是含煤岩系中有机质在成煤过程中生成的以 CH_4 为主,并混有一些有害毒物的多组分气体。CH_4 含量大于 95% 的煤层气,其发热量可超过 $33.6MJ \cdot m^{-3}$。我国煤层气在埋深 2000m 以浅,储量约为 30 多万亿 $m^{3[1]}$,与我国陆上常规天然气资源量相当,它是一笔可支配的较洁净的能矿资源和化工原料,其次煤层气是煤矿重大灾害事故的有害源。据统计,煤层气灾害事故约占煤矿重大灾害事故的 70%。同时,其主要组分 CH_4 是一种比 CO_2 高 20 多倍的强温室效应气体。所以,从资源的利用、安全生产和保护环境角度来看,开发煤层气势在必行。

由于我国煤矿地质条件复杂,煤储层渗透率极低,在煤层气抽采中抽采率低,全国平均抽采率在 23% 左右,国际上许多国家的平均抽采率都在 40% 以上,个别的达到 70%,甚至更高。我国存在的问题:一是抽采量少,20 世纪 90 年代中期,全国抽采量不过 6 亿多 m^3,2011 年抽采量 115 亿 m^3,2013 年抽采量约 160 亿 m^3,预计到 2015 年达到 300 亿 m^3。二是综合利用差,抽出的煤层气近一半排空,2013 年煤层气综合利用占抽采总量的 49.4%,而排空占 50.6%,至今我国煤层气的开发还没有真正走向商业运营阶段。美国则把煤层气作为能源来开采利用,1953 年美国圣胡安盆地第一口煤层气开发区建成投产,1978 年美国能源部开始实施甲烷回收计划,1980 年美国黑勇士盆地煤层气开发建成投产,1996 年美国煤层气产量极高的圣胡安盆地的 110 口煤层气井,日产量达 660 万 m^3,2000 年美国煤层气产量占天然气总量的 15%,2012 年美国煤层气产量达 500 亿 m^3,不仅产量大而且质量好,并已与常规天然气联网[2]。为使我国的煤层气走向商业化,在煤层气开发和利用方面还需要做大量的基础研究工作。

对低渗透煤层提高煤层气抽采率,国内外采用了造穴、水力压裂、预裂爆破、水力割缝、水平井技术、注气、物理场激励等[3~5]方法。其中,造穴适应于内生裂隙发育的中变质阶段煤;水力压裂适用于相对坚硬的裂缝煤层;预裂爆破提高煤层渗透性的范围较小，影响范围为钻孔直径的 5～15 倍；水力割缝在低渗透煤层中应用效果好；水平井技术使煤体裂隙、裂缝连通，增加了单位面积内煤层气的渗透容积，但由于煤层赋存条件与地面条件的复杂性，选井位置困难；注气开采效果明显，但气源和经济性使应用范围十分有限；物理场激励国内外研究较少，研究不够深入，对提高煤层气抽采率的微观机理认识不清。鉴于超声波处理油层具有很好的效果，20 世纪 90 年代后期，重庆大学鲜学福院士提出了用可控声震法技术提高煤层气抽采率的新思想，认为要提高煤层气的抽采率必须寻找到一条既具有机械碎裂作用又具有升高煤质点温度的新技术，而超声波基本能满足这种要求。他带领的团队研究了应力场、温度场、静电场、交变电场、声场作用下煤层气的吸附、解吸、渗流特性，建立了煤层气吸附/解吸模型，多场耦合作用下煤层气渗流理论[6~12]。本书为了揭示声震法提高煤层气抽采率的机理，在声震法促进煤层气解吸、扩散、渗流方面做了较深入的研究，该研究成果可为声震法强化煤层气高效抽采提供理论基础。

1.2   国内外研究现状与评述

1.2.1   煤对煤层气的吸附/解吸研究现状

煤是一种多孔介质，是天然的吸附剂，与煤伴生的煤层气以吸附态、游离态、水溶态三种状态赋存于煤体中，但 80%～90% 的煤层气是以吸附态赋存于煤的过渡孔和微孔中。研究煤层气的吸附特征，对了解煤层气的解吸、扩散、运移、聚集规律和阐述煤与煤层气突出机理具有十分重要的意义，所以在煤吸附煤层气的特性方面，国内外进行了大量的研究。其主要研究内容为以下 7 个方面：①煤的结构模型；②煤层气的吸附机理；③煤吸附气体的理论模型；④影响煤吸附性能的因素；⑤煤对多元组分气体的吸附理论；⑥地球物理场中甲烷的吸附/解吸特性；⑦声场作用甲烷的吸附/解吸特性。

1)煤的结构模型

煤的结构包括两个方面[13]：一是煤的化学结构即煤的分子结构，二是煤的物理结构即分子间的堆垛结构。煤的大分子结构模型有：Krevelen 模型(1954)、Given 模型(1960)、Wiser 模型(1975)、Shinn 模型(1984)，这些模型基本上代表人们在各个时期对分子结构的认识。煤分子间构造模型有：Hirsch 模型(1954)、Riley 模型(1957)、交联模型(1954)、两相模型或主－客(host－guest)模型(1986)、缔合模型(1992)，其中 Hirsch 模型和两相模型最具有代表性。煤结构的综合模型考虑了煤的分子结构和空间结构，其模型有：Oberlin 模型

(1989)、球(Sphere)模型(1990)。

　　煤的孔隙结构是煤的物理结构的主要部分,煤的吸脱附很大程度上取决于煤的孔隙结构。煤的孔隙结构一般用孔隙体积、比表面积、孔径分布、孔隙模型来表征。研究的技术有借助普通显微镜、扫描电镜(SEM)、透射电镜(TEM)、压汞法和低温氮吸附法等手段[14~16]。Ходот В. В.[17]对煤的孔隙进行了分类,按空间尺度将煤的孔隙分为:微孔(<10nm)、小孔(10~100nm)、中孔(100~1000nm)、大孔(>1000nm)。Dubinin 等人[18]1966 年将孔隙划分为:微孔(<10μm)、过渡孔(10~20μm)、大孔(>20μm)。Gan 等人[19]将其划分为:微孔(<1.2μm)、过渡孔(1.2~30μm)、粗孔(>30μm)。之所以有以上三种煤的孔隙不同划分,主要沿于煤的孔隙结构具有随机性、研究者研究目的不同和研究手段与研究区域的差异,所以造成分类不同。根据煤孔隙的成因,1972 年 Gan 等人[20]将煤孔隙划分为分子间孔、煤植体孔、热成因孔和裂缝孔。1987 年郝琦[21]则把煤的孔隙划分为植物组织孔、气孔、粒间孔、晶间孔、铸模孔、溶蚀孔等。1998 年张慧等[22]借助扫描电镜进行大量观测后,将煤孔隙划分为原生孔、外生孔、变质孔、矿物孔。2000 年张素新等[23]又把煤的孔隙划分为植物细胞残留孔隙、基质孔隙和次生孔隙三类。以上这些划分是将煤的孔隙和裂隙一起考虑的,有些借用了砂岩储层和灰岩储层的名称。

　　2)煤层气的吸附机理

　　煤层气主要以吸附态、游离态、溶解态的方式赋存在煤层中,其中吸附态占的比例为80%~90%[24]。张力等[25]将煤体吸附煤层气的全过程概括为:渗流-扩散、吸附-脱附的综合过程。其中,主要包括:渗流、外扩散、内扩散、吸附、脱附、内孔中煤层气气体分子的反扩散和煤基质外表面反扩散七个过程。煤层气的吸附机理有两种观点[26]:一是物理吸附,二是化学吸附。物理吸附解释为吸附剂与吸附质之间的作用力是范德华力,即分子间力;化学吸附解释为吸附剂与吸附质的原子间形成化学吸附键。但大多数学者认为是物理吸附。

　　红外光谱是从分子水平研究固体表面吸附的最有效方法之一,当有化学吸附存在时,因化学吸附键的定位性,可从光谱上观察到新的特征吸收带,而物理吸附只能使原吸附分子的特征吸收带有某些位移或在强度上有所改变,但不会产生新的特征谱带[27]。通过低温红外光谱实验发现,甲烷与煤核表面的相互作用是各向异性的,当甲烷在煤核表面呈正三角锥重叠式吸附时能量最低,相互作用势能也最大,吸附态的 Morse 参数为 $Re=0.335nm$,$De=2.65kJ \cdot mol^{-1}$,$\beta=20nm^{-1}$,研究认为煤基块表面分子与煤层气分子间的作用力为范德华力,属于物理吸附。煤基块吸附的煤层气可分为吸收煤层气和吸着煤层气,吸收煤层气进入煤体内部,而吸着煤层气吸附在煤体表面。在-100~30℃温度范围区,现场红外光谱实验未观察到甲烷在煤中形成化学吸附[28]。国外有关研究测得煤对煤层气的吸附热比汽化热低2~3倍，从而认为煤层气应以物理吸附方式存在，煤对氮气、二氧化碳等的吸附也与甲烷一样，属于物理吸附[29,30]，说明煤对气体的吸附是无选择性的。总的来说，煤对煤层气的吸附具有吸附热低，吸附、解吸速率快，吸附和解吸可逆以及无选择性等特点，属于物理吸附或以物理吸附为主的观点得到了大多数研究者的认同。

3）煤吸附气体的理论模型

目前，研究者针对不同的吸附系统和基于不同的假设，提出了许多等温吸附理论模型。如Henry模型、Langmuir单分子层定位吸附模型、BET多分子层吸附模型、Freundlich经验模型、基于Gibbs法的各种等温吸附模型以及基于吸附势理论的各类等温吸附模型。而S. Brunauer等将等温吸附曲线归纳为五种类型[31]，如图1.1所示。其中，类型Ⅰ表示为单分子层物理吸附；类型Ⅱ表示在低压时形成单分子层吸附，但随压力增高，产生多分子层吸附甚至凝聚现象，使得吸附量急剧增加；类型Ⅲ表示从起始就是多分子层吸附，在压力达到某值后，发生凝聚，吸附量也趋于无限大；类型Ⅳ表示低压时为单分子吸附，压力增加产生毛细凝聚，最后达到饱和；类型Ⅴ表示在低压时为多分子吸附，压力增加产生毛细凝聚，最后达到饱和[32]。

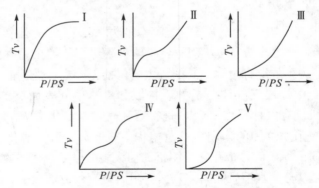

图1.1　Brunauer的五种等温吸附曲线

4）影响煤吸附性能的因素

目前较多学者对煤吸附能力进行了研究，通过研究结果表明，影响煤吸附能力的因素主要有：煤的变质程度、物质组成、煤阶、水分、温度、气体压力等。

（1）煤的变质程度。国内外的研究表明，煤的吸附特性与煤的变质程度之间不存在单值联系，但有一个总的趋势，即在相同的气体压力下，煤的甲烷吸附量随着煤的变质程度的提高而增大。随着煤变质程度增高和挥发分减少，煤的微孔容积增大。在同一挥发分含量值时，吸附煤层气量有很大差异。文献［33］对煤阶 $R_{max}=0.46\%\sim0.71\%$ 的干燥基煤样实验研究表明：煤变质对煤吸附能力起着控制作用。

(2)物质组成。煤的物质组成包括有机显微组分和矿物质，对煤的吸附能力起主控作用。其中，煤中矿物质含量越高，其吸附能力越低。

煤由镜质组、壳质组和惰质组组成。镜质组是植物木质纤维素在还原条件下经凝胶化作用形成的胶状物质；壳质组是由植物皮质部、孢子、花粉、分泌物形成，这些物质在泥炭化作用阶段化学稳定性强，几乎没有发生质的变化而保存在煤中；惰质组是丝炭化作用的产物，在氧化条件下，植物遗体由于失去被氧化的原子团而脱氢、脱水，炭含量相对增加，经历了较大程度的芳烃化和缩合作用。各种组分所经历的变化不同，导致化学组成、分子结构和孔隙的差别。凝胶化作用和丝炭化作用不同，致使植物组织保存的程度不同。在煤变质过程中，各组分产生的烃类物质、挥发性物质量的不同造成孔隙发育程度不同。因而，显微组分的吸附能力存在差异。钟玲文[34]研究表明，煤的吸附能力是惰质组Ⅱ(指胞腔结构无充填物的丝质体)>镜质组>惰质组Ⅰ(粗粒体和有胞腔结构但被充填的丝质体)，原因是在煤变质程度较低的煤中惰质组中有大量的纹孔，而镜质组中孔隙和内表面积纹孔较少，造成惰质组Ⅱ比镜质组吸附能力强。在无烟煤3号变质阶段，煤的吸附能力是镜质组>惰质组，原因是在高变质阶段，镜质组中有更多的挥发物质产出，引起微孔增多。但总体表明，物质组成对煤吸附能力具有较大影响。

(3)煤阶。研究表明，在同等温度条件下，煤阶越高吸附能力越强。R_{max} 越大，证明煤的总孔隙率越高，特别是小的孔隙数量越多。这样煤的孔隙比表面积也相应增加，导致煤的吸附容积增大，对甲烷的吸附能力增强。

(4)水分。水是煤炭的组成部分。研究表明：随着煤的变质程度不同，水分变化很大。其中，泥炭中水分最大，可达 $40\%\sim50\%$，褐煤次之，在 $10\%\sim40\%$[35]，烟煤含量较低，无烟煤又有增加的趋势，这是由于煤中水分除与煤的变质程度有关外，还与煤的结构有关。煤中水的形态可以分为游离水和化合水，游离水是煤内部毛细管吸附或表面附着的水；化合水是和煤中矿物成分呈化合形态存在的水，也叫结晶水。文献［36，37］研究表明，水分对煤的吸附性能有较大的影响，煤的吸附量随含水量的增加而减小。

(5)温度。煤吸附能力严格受温度和压力的影响，压力增高，吸附量增加，温度增高，吸附量减小。一些学者的研究成果[38,39]表明：等压条件下，煤吸附的甲烷量随着温度增加近似于线性减少；在相同温度变化程度下，不同压力、不同煤样吸附量的减小程度不相同。温度对固气脱附起活化作用，温度越高，煤对甲烷的吸附能力越小[40]。甲烷在煤物质表面包括孔隙表面的吸附是一个放热过程。自由气体分子的碰撞或温度升高都能够为脱附提供能量。气体分子的热运动越剧烈,其动能越高,吸附气体分子获得能量后发生脱附的可能性越大,也表现为吸附性越弱。气体温度增高,以动能增加的形式表现出来,气体温度越高,气体分子的动能越大,吸附分子获得高于吸附势阱能量的机会越多,其在孔隙表面上停留的时间越短,气体吸附量就越少。

(6)气体压力。煤层气压力场与地应力场之间有着密切的联系,由于地应力的压缩作用,使孔隙中的煤层气具有压力,反过来煤层气压力又对孔隙壁产生张应力的作用,力图使孔隙破坏。因此,煤层气压力是和地应力相对应的,地应力场对煤层气压力场起控制作用,围岩中的高地应力决定了煤层的高孔隙压力。文献 [26] 实验研究表明:在给定的温度下,吸附煤层气量与气体压力的关系呈双曲线变化,遵从 Langmuir 方程,随着气体压力的升高,煤体吸附煤层气量增大,并且当气体压力增大到一定值时,吸附煤层气量将趋于定值。

5)煤对多元组分气体的吸附理论

煤层气实际上是以 CH_4 为主的混合气体。近几年来,国内外对煤吸附多元混合气体的研究较多,普遍认为多元气体吸附时,气体之间存在着吸附位的竞争,煤层气体主要组分的吸附能力由大到小依次为 CO_2、CH_4、N_2[41,42]。二元气体的吸附等温线总是介于吸附能力强的气体和吸附能力弱的气体之间,组成的百分比不同,所得的等温线也不同。受气体组成百分比、气体成分影响,多元气体的等温线分布更为复杂。多元气体的解吸研究发现,大多情况下 CH_4 优先解吸,但因煤阶差异,也有 CO_2 优先解吸的现象。Pariti 等[43]研究发现,在煤中呈物理吸附的混合气体吸附和解吸是可逆的,两者都符合相同的压力和吸附量曲线。然而 Greaves 等[44]在含平衡水煤样吸附实验中发现,吸附和解吸过程中压力和吸附量的关系存在显著差异,即吸附与解吸之间并不完全是可逆的。Chaback 等[45]提出,尽管混合气体在解吸过程中,吸附能力强的组分比例增强,但是其过程仍是一个可逆的过程。总的来说,多元气体的吸附是通过吸附位的竞争来进行的,吸附竞争力的强弱与吸附质分子的极性有明显的关系,吸附和解吸是可逆的,但由于煤样中水分的作用,可能出现不可逆现象。多组分吸附的一个重要研究内容是建立多组分吸附模型,其模型有:扩展的 Langmuir 方程、IAS 理论、BET 多组分气体吸附模型、空位溶液模型和格子模型等,应用较多的是扩展的 Langmuir 方程、IAS 理论。扩展的 Langmuir 方程保留了 Langmuir 方程理论中的各种假设条件,而且认为每个吸附中心对各组分的机会是均等的,各组分在吸附中心展开竞争。IAS 理论的核心假设为混合气的吸附相类似于理想溶液,并可用类似于 Raoult 定律的公式来表示气相分压、吸附相浓度和铺展压之间的关系。

6）地球物理场中煤层气的吸附/解吸特性

地球物理场是指地应力场、地温场和地电磁场。地球物理场对地质体中物质的作用是彼此互为影响、互为渗透的一种复杂的物理现象。除地球内部构造异常引起的地球物理场异常外，地球物理场的变化是有规律的。总的规律是在地壳中地应力随着离开地表面向下的深度增加而增大，地温在恒温带以下也是随着深度的增加而增高的，地电磁场在地球上是有区域性的。研究表明：外加交变电磁场对煤吸附甲烷性能的影响程度与煤对甲烷气体吸附性的强弱成正比，弱吸附性气体对外加电磁场不敏感。突出危险煤在外加电磁场作用下其甲烷放散速度和解吸速度高于非突出煤；放散过程中，施加电磁场的甲烷放散量大于未施加电磁场条件下的放散量。这主要是因为外加交变电磁场的作用使煤表面势能提高，使甲烷分子被吸附的几率降低，从而使煤与甲烷间的吸附能力减弱，并且可使煤层气分子 London 色散势提高，从而使煤层气分子的动态特性增强，扩散渗透性提高。徐龙君[7]研究表明，四川省芙蓉矿务局白皎矿煤样在静电场作用下，吸附量是减小的。为此刘保县[8]对此进行了深入的研究，认为交变电场作用下，各煤样吸附甲烷的量仍很好地遵从 Langmuir 方程，交变电场的作用减弱了煤的吸附能力和解吸能力，并且减缓了含甲烷煤的解吸过程，但对煤的饱和吸附量和最大解吸量影响不大。

7）声场作用煤吸附/解吸甲烷的特性

20 世纪五六十年代，美国和苏联就开始了超声波处理油层的研究工作。许多资料表明，其处理油层有良好的效果。为了提高煤层气的采收率，鲜学福院士在 20 世纪 90 年代后期提出用声震法来提高煤层气抽采率的思想。主要依据是：天然煤中微孔占有一半以上的孔容，过渡孔占 30%～40%的孔容，而与煤伴生的煤层气中 90%又是以吸附和吸收态存在于煤层中，分布在这种孔隙的块煤里，而其中的孔隙并非总是连通的。目前关于这方面的研究国内外很少报道。文献［46］研究了超声波空化效应对煤储层渗透率的影响，分析了超声波诱发的热效应，会引起煤－煤层气系统温度升高，煤分子和煤层气分子的热运动加剧，动能增大，促进煤层气分子脱附，提高煤层气解吸率。文献［9］研究了40kHz、30W 超声波作用下甲烷的解吸特性，得出了声场作用下煤中甲烷的解吸量增加 20%左右，声震法促进煤层气的解吸机理源于声波的机械振动和热效应作用。文献［9］对超声热效应促进煤层中煤层气解吸扩散过程进行数值分析，得出了超声热效应可以提高煤体的温度，增大微孔隙扩散系数，提高大孔隙游离气的动态百分数，降低微孔隙中吸附气的动态百分数。

1.2.2　煤层气渗流的研究现状

目前国内外对于煤层气的渗流特性研究主要采用数值模拟、实验与理论研究。其中主要的煤层气渗流方程主要有：线性渗流模型、非线性渗流模型、地球物理场效应的渗流模型和多煤层系统越流模型。

1)煤层气渗流理论研究

1856 年法国工程师达西(Darcy)提出线性渗流定律以来，渗流力学一直在向前发展，并不断地与其他学科交叉而形成许多新兴的边缘学科。煤层气渗流力学是专门研究煤层气在煤体多孔介质内运动规律的科学。20 世纪 80 年代以来，该科学发展迅速，其主要表现是：煤层气渗流力学的应用范围更广；煤层气渗流力学的理论以较快的速度不断深化；煤层气渗流力学的研究手段不断实现现代化。

线性煤层气渗流理论认为，煤层内煤层气运动基本符合线性渗透定律——达西定律(Darcy's law)。线性煤层气流动理论的研究已有 40 多年的历史，在探求煤层内煤层气运移机理方面已先后发展了线性渗流理论[47~56]及其应用、线性扩散理论[57]、渗透-扩散理论[58~60]等，在一定的简化假设下，已形成了较严密的理论体系，也得到了较为成熟的发展，但煤层气渗流是一个非常复杂的过程，它不仅与煤体结构有关，而且受到众多因素的影响。上述线性煤层气流动理论和方法的适用性和实用性常受到挑战，主要体现在下列五个方面：①对煤层这个孔隙－裂隙双重介质的几何参量很难进行严格的定量描述。②煤层内煤层气运移只是近似地用线性规律来描述，至今仍在探索煤层气运移的基本规律。③煤层这个固体骨架不能假定为刚性的。④在实际煤层内煤层气运移过程中，存在着许多尚未深入研究的物理化学效应。⑤由于缺乏测试各向异性透气系数的有效方法，导致对各向异性煤层内煤层气运移的深入研究以及数值模拟遇到了极大的困难。

国内外许多学者对线性渗流定律——Darcy's law 是否完全适用于均质多孔介质中的气体渗流问题，作出了大量的考察和研究。许多学者经过研究归纳出达西定律偏离的原因为：流量过大；分子效应；离子效应；流体本身的非牛顿态势。著名的流体力学专家 E. M. Allen 指出[60]，将达西定律用于描述从均匀固体物(煤样)中涌出煤层气的试验，结果导致了与实际观测不相符合的结论。1984 年，日本北海道大学教授通口澄志指出[61]，从通过变化压差测定煤样中煤层气渗透率看，达西定律不太符合煤层气流动规律。并在大量试验研究的基础上提出了更能符合煤层气流动的基本规律——幂定律(power law)。

1987 年，文献 [59] 根据 power law 的推广形式，在均质煤层和非均质煤层条件下，首次建立了可压缩性煤层气在煤层内流动的数学模型——非线性煤层气流动模型。1991 年，文献［62］经过实验研究，提出了考虑克氏 (Klinkenberg)效应的修正形式的达西定律——非线性煤层气渗流规律，并建立了相应的煤层气流动数学模型，指出了达西定律的适用范围。非线性煤层气流动理论的发表，引起了国内外同行的兴趣和关注。孙培德[55,58]又在焦作中马村矿 23051 采面准备煤巷的实测煤层物性参数和煤层气动力参数基础上，对 5 种不同模型进行了数值模拟，认为文献［72］提出的非线性煤层气流动模型所模拟的煤层气压力分布值与实测的煤层气压力最吻合，从而证明文献［59］所提出的非线性煤层气流动模型比国内外其他 4 种模型更逼近实际，更具实用性。

文献［63］对煤层气越流场的定义提出以下问题：如煤层群开采中采场煤层气涌出问题，保护层开采的有效保护范围的确定问题，井下邻近层(采空区)煤层气抽采工程的合理布孔设计及抽采率预估问题，地面钻孔抽采多气层煤层气工程的合理设计及抽采率预估问题，以及地下多气层之间煤层气运移规律的预测和评估等问题，都可归结为煤层气越流问题。经国内外生产实践表明，开采保护层是预防煤与煤层气突出最为有效的区域性治理措施。目前，在我国有保护层开采条件的突出矿井，基本上都优先采用保护层开采法以预防突出。在对保护层开采的作用机理认识及其实践中，文献［64~67］作出了贡献。关于煤层气抽采钻孔的合理设计问题则处于摸索阶段。我国有关地下多气层之间煤层气运移规律以及地面钻孔抽采多气层煤层气工程的效果预估及合理设计等问题的研究甚少，也未得到应有的重视。而欧美国家则重视对煤层气资源开采和煤层气抽采工程的煤层气流动问题的数值模拟技术研究以及商业软件包的开发，这是当今本学科的重要研究课题。

2)煤层气渗流的实验研究

目前煤层气渗流特性的实验研究较多，主要集中于煤体变形、应力场、温度场、地球物理场等方面对煤层气渗流特性的研究。

煤层气主要在煤体的裂隙中渗流，因此煤体变形特征对渗透率的影响很大，煤体的受力变形同岩石变形相似，分为四个阶段：①初始压密阶段，煤体原生裂隙和孔隙被压密，渗透率降低；②弹性阶段，煤体体积继续减小，渗透率降低；③应变硬化阶段，当煤体的应力大于屈服应力，煤体体积开始增大，煤体中将产生新的裂纹，且这些裂纹扩展形成贯通，煤体渗透率开始增加；④破裂阶段，煤体内部形成宏观裂隙，渗透率骤增，其值超过初始阶段的渗透率。文献［68］进行含煤层气煤三轴压缩的实验，系统地研究了含煤层气煤在变形过程中渗透率的变化规律，根据大量的实验数据，拟合得到含煤层气煤的渗透率随围压和孔隙压力变化的经验方程。文献［69］进行了型煤和原煤研究，得出了由于型煤与原煤的结构特性不同，致使两种煤样受力以后具有不同的损伤机制，渗流速度-轴向应变曲线差异较大，尤其在破坏阶段。文献［70，71］对含气煤体的变形规律、煤样透气率与等围压或孔隙压之间的变化关系、含气煤的力学性质以及含气煤的流变特性等进行了研究。

应力场方面，早期大量的研究表明[72~76]，煤储层的渗透率与有效应力之间存在幂函数关系，随着有效应力的升高，渗透率通常呈指数形式降低。李伍成[77]通过研究不同有效应力、不同温度和不同煤层气压力水平下的煤样渗透特性试验，得出了温度和煤层气压力一定时，随着有效应力的增大，渗透率逐渐减小，且减小趋势逐渐减缓。文献［78］测量了三维应力作用下煤层气在煤岩体孔隙裂隙中的渗透率，得到了渗透系数随有效体积应力和孔隙煤层气压力的变化规律；文献［79］对含煤层气煤在变形过程中渗透率的变化规律进行了研究。文献［80~82］对应力场下煤层气渗流特性进行研究得出，随着围压增大，煤层气渗透率降低。围压对试件渗透率的影响比轴向压力大。文献［83］等研究了孔隙气压对煤层气气体渗透性的影响，得出了煤的渗透率随孔隙气压增大而减小，这种特性是由孔隙气压变化引起滑脱效应和孔隙结构本身变化所致。

重庆大学鲜学福院士及其博士等开创性地进行了地球物理场效应的煤层气流动理论的系列研究：文献［84］在我国首次深入地研究了地电场（直流电）对煤层气流场渗流的作用和影响；文献［85］结合实际情况，应用计算机成功地模拟了回采工作面前方煤层中，支撑压力作用下煤层透气系数的动态变化规律，进而应用有限元法实现了回采面前方煤层中煤层气渗流的数值模拟；文献［86，87］研究了地温场作用下的煤层气渗流基本规律，并指出，温度升高有利于煤层气渗流；文献［88］研究了温度影响下煤层气解吸渗流规律，结果表明，相同围压、轴压和孔隙压力下，煤体渗透率随温度的增加而降低；文献［89］对外加应力场下温度对煤层气渗流特性的影响研究表明，温度对煤层气渗流的影响需要考虑外加应力大小。该研究得出，在高外应力情况下，温度对煤体渗透率的影响，在低平均有效应力时，渗透率随温度的增加而增加，在高平均有效应力时，渗透率随温度的增加而减小；文献［9］等在此基础上进行了声场作用研究，得出了声场作用有利于提高煤层渗透率。

1.3   本书主要内容

根据以上国内外研究现状的评述，论文拟采用实验研究、理论研究、数值模拟、现场试验相结合，在总结前人研究成果的基础上，围绕声震法提高煤层气抽采率的机理这一重要科学问题展开研究工作，其主要研究内容如下。

1)超声波在煤气多孔介质中传播的波动方程与衰减规律

利用声发射仪和自主研发的可控超声波发生器实验测定超声波在煤气多孔介质中传播的纵波与横波速度，以及在煤气介质中传播的衰减系数。在实验研究的基础上，根据弹性力学、牛顿第二定律建立超声波在煤气多孔介质中传播的平面波、柱面波波动方程，分析超声波的机械振动、热效应、空化效应等对煤层气抽采钻孔周边煤气介质产生的变形与应力分布规律，以及声场效应对煤体微观孔隙、裂隙结构产生的影响。

2) 声场作用下煤层气的吸附/解吸模型

利用自主研发的可控声震法吸附/解吸试验系统实验研究煤层气在不同频率、不同振幅、不同声场强度的超声波、声波作用下的吸附/解吸特性，分析声场参数(频率、振幅、声场强度等)对煤层气吸附/解吸模型参数的影响，建立声场作用下煤层气的吸附/解吸模型。

3) 声场作用下煤层气扩散特性的研究

根据声场作用下煤中甲烷的解吸动力学曲线，研究声场作用下煤中甲烷的扩散规律，以及声强参数对扩散模型参数的影响，深入揭示声震法提高煤层气抽采率的机理。

4) 应力场、温度场、声场耦合作用下煤层气的渗流规律

利用自主研发的声震法渗流试验系统实验研究煤样在应力场、温度场、声场耦合作用下煤层气的渗流规律，根据声场作用下甲烷的渗透规律，建立地应力场、温度场、声场作用下煤层气的渗流方程，在煤层气顺层抽采中数值模拟三场共同作用下煤层气的渗流规律。

5) 声震法提高煤层气抽采率的现场试验研究

通过前面的研究，弄清了声震法提高煤层气抽采率的机理，为低渗透煤层提高煤层气抽采率探索出一种新技术。鉴于声震法技术的优点，将该技术应用于煤矿井下煤层气抽采中，现场试验声场作用下煤层气渗流规律，通过监测煤层气的抽采参数，分析声场提高煤层气抽采率的作用范围和效果。

第 2 章　可控声震法实验系统设计

为高效开发煤层气资源，人们采用多种激励技术来提高煤层气的抽采率。其中声震法的主要思想是采用超声波的机械振动和热效应等来促进煤层气解吸和流动。到目前为止，国内外对声场作用下煤层气解吸、吸附和渗透特性的研究很少，且没有专门的实验研究设备，因此可控声震法实验系统还需要进行针对性的设计，以达到研究目的。

2.1　超声波收发装置设计

超声波收发装置作为声震法实验系统的一部分，主要由主控制器 MCU、信号发生模块、信号接收检测模块、人机交互模块组成。

2.1.1　超声波收发器的性能指标

(1)频率范围：10~140kHz。

(2)功率放大范围：0~50W 可调。

(3) LED 功率显示、OLED 收发频率、接收功率显示。

(4) 3 个 BNC 接口。

(5)±12V 电源 2 个、5V 电源 1 个。

(6)功率调节旋钮。

2.1.2　超声波收发装置工作原理

首先通过键盘设定换能器所需的谐振频率，当单片机接到输入的频率值后将它转化为对应的频率控制字，单片机再将控制字送给数字频率合成（direct digital synthesis，DDS)芯片 AD9835。AD9835 接到频率控制字后产生相应频率的输出信号。从 AD9835 输出的频率信号经过滤波器消除其中的杂散分量。功率放大器把消除杂散分量的频率信号进行功率放大，并通过变压器与换能器进行阻抗匹配，从而驱动换能器工作。

发射换能器接到频率信号后产生机械振动，该机械振动信号经过煤介质后传送给接收换能器。接收换能器的作用是检测穿过煤介质的超声波信号，并经过信号接收电路处理过后发送给单片机。单片机从接收信号中提取其频率和功率信息，并显示在液晶屏上。

2.1.3　超声波收发装置结构框图

超声波收发装置结构如图 2.1 所示，包括 4 个模块，其各模块的构成和功能如下：

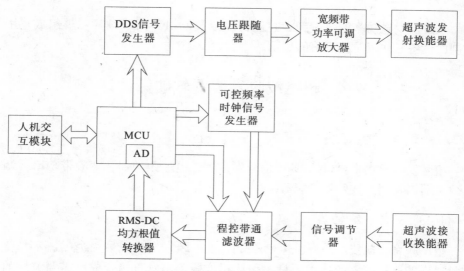

图 2.1　超声波收发装置结构框图

1) 主控制器 MCU C8051F020

主控制器 MCU 选用 C8051F020，是整个系统的控制中心，它负责人机交互模块、信号发生模块、信号接收检测模块的控制与操作。

2) 信号发生模块

信号发生模块由 DDS 信号发生器、电压跟随器、宽频带功率可调放大器以及超声波发射换能器组成。DDS 信号发生器产生驱动超声波换能器的频率信号，电压跟随器随即对此信号进行稳压跟随操作，输出接入宽频带功率可调放大器驱动超声波发射换能器工作。

3) 信号接收检测模块

频率跟踪模块主要由超声波接收换能器、信号调节器、可控频率时钟信号发生器、程控带通滤波器以及 RMS-DC 均方根值转换器组成。

超声波接收换能器将接收到的超声波信号转变为可以处理电流信号的模拟

量，输入到信号调节器，并对此信号进行调整为滤波器可处理的信号幅度范围，接着输入到程控带通滤波器中进行扫频检波，输出信号通过均方根值转换器的处理后转换为其均方根值的直流电平进行 A/D 采样比较，可比较准确地测量接收信号的频率以及功率。软件上通过对滤波器以及可控频率时钟信号发生器，编程控制带通滤波器的工作。

4）人机交互模块

主要由发送功率调节旋钮、控制键盘以及 OLED、LED 显示屏组成，用于控制此设备操作以及检测值的显示。

2.2　超声波收发装置软硬件设计

2.2.1　信号发生模块

信号发生模块主要包括 DDS 信号发生器、电压跟随器、宽频带功率可调功率放大器以及超声波发射换能器。

1）DDS 信号发生器

数字频率合成技术是将一个（或多个）基准频率变换成另一个（或多个）合乎质量要求的所需频率的技术，是一种从相位概念出发直接合成所需要波形的新的全数字频率合成技术，DDS 工作原理如下：

一个纯净的单频信号可表示为

$$u(t) = U\sin(2\pi f_0 t + \theta_0) \tag{2.1}$$

只要幅度 U 和初始相位 θ_0 不变，它的频谱就是位于 f_0 的一条谱线。为了分析简化起见，可令 $U = 1$，$\theta_0 = 0$，即

$$u(t) = \sin(2\pi f_0 t) \tag{2.2}$$

如果对（2.2）的信号进行采样，采样周期为 T_c（即采样频率为 f_c），则可得离散的波形序列：

$$u(n) = \sin(2\pi f_0 n T_c) = \sin(\Delta\theta \cdot n) \quad (n = 0, 1, 2, \cdots) \tag{2.3}$$

式中

$$\Delta\theta = 2\pi f_0 T_c = 2\pi \frac{f_0}{f_c}$$

$\Delta\theta$ 是连续两次采样之间的相位增量。根据采样定理：$f_c > 2f_0$ 就可从离散序列恢复出连续信号。只要控制相位增量，就可以控制合成信号的频率。现将整个周期的相位 2π 分成 K 份，每一份为 $\delta = \dfrac{2\pi}{K}$，若每次的相位增量选择为 δ 的 M

倍，即可得到信号的频率：

$$f_0 = \frac{M\delta}{2\pi T_c} = \frac{M}{K} f_c \qquad (2.4)$$

相应的模拟信号为

$$u(t) = \sin\left(2\pi \frac{M}{K} f_c t\right) \qquad (2.5)$$

式中 M 和 K 都是正整数，根据采样定理的要求，M 的最大值应小于 $1/2K$。

综上所述，在采样频率一定的情况下，可以通过控制两次采样之间的相位增量（不得大于 π）来控制所得离散序列的频率，经保持、滤波之后可唯一地恢复出此频率的模拟信号。

图 2.2 是 DDS 的基本结构。相位累加器可在每一个时钟周期来临时将频率控制字 M 所决定的相位增量累加一次，如果记数大于 2^N，则自动溢出；LUT（查找表）实际上是一个存储器（ROM），其中存储着一个周期正弦波的幅度量化数据，用于实现从相位到幅度的转换。相位累加器的输出作为 LUT 的地址值，LUT 根据输入的地址（相位）信息读出幅度信号，送到 D/A 转换器中转换为模拟量，最后通过低通滤波器输出一个平滑的模拟信号。

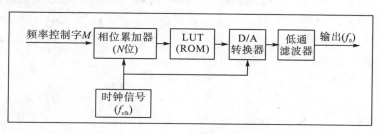

图 2.2　DDS 结构框图

由于相位累加器是 N 比特的模 2 加法器，正弦查询表 ROM 中存储一个周期的正弦波幅度量化数据，所以频率控制字 M 取最小值 K 时，每 N^2/M 个时钟周期输出一个周期的正弦波。所以此时有

$$f_0 = \frac{M \times f_c}{2^N} \qquad (2.6)$$

式中，f_0 为输出信号的频率，f_c 为时钟频率，N 为累加器的位数。由此可得：输出信号的最小频率（分辨率）为

$$f_{0min} = \frac{f_c}{2^N}$$

输出信号的最大频率为

$$f_{0max} = \frac{M_{max} \times f_c}{2^N}$$

DAC 每信号周期输出的最少点数为

$$k = \frac{2^N}{M_{max}}$$

当 N 比较大时，对于很大范围内的 M 值，DDS 系统都可以在一个周期内输出足够的点，保证输出波形失真很小。

　2）DDS 芯片 AD9835 简介

　AD9835 采用先进的 DDS 技术在内部集成了 32 位相位累加器、14 位正余弦查询表和高性能的 10 位 D/A 转换器以及一个高速比较器。它通过并口或串口写入的频率控制字来设定相位累加器的步长大小，相位累加器输出的数字相位通过查找正、余弦查询表得到所需频率信号的采样值。然后通过 D/A 变换，输出所需频率的正弦波信号。还可以通过高速比较器将该正弦波信号转换成方波作为时钟信号输出。

　AD9835 主要性能如下。

　（1）单电源工作在 3.3V 或 5V。

　（2）接口简单，可用 8 位并行口或串行口直接装载频率和相位调制数据。

　（3）片内有高性能 D/A 转换器和高速比较器可输出正弦波和方波。

　（4）最高工作时钟 125MHz，32 位频率控制字保证在 125MHz 的工作时钟下频率分辨率达 0.0291Hz。

　（5）5 位调相控制字，可实现相位调制功能。

　（6）频率转换速率极快，可达 23 000 000 次/s。

　（7）低功耗：在 125MHz 时钟频率，+5V 电源工作时，功耗为 380mW；在 110MHz 时钟频率，3.3V 电源工作时，功耗为 155mW。

　（8）工作温度范围：$-40 \sim 85℃$。

　DDS 信号发生器由主控制器的引脚 P7.0、P7.1、P7.2 分别控制 AD9835 的 FSYNC、SDATA、SCLK 三个引脚使 AD9835 产生信号。MCLK 外接 50MHz 的有源晶振作为 AD9835 工作时钟。

　3）AD9835 外围电路及频率控制设置

　AD9835 外围电路如图 2.3 所示。

　信号发生器由单片机控制 DDS 芯片 AD9835 产生正弦波信号，电路中采用 50MHz 的外部晶振为 AD9835 提供时钟信号。若产生 40kHz 正弦波，那么 $f_{clk}=50\text{MHz}$，$f_{out}=40\text{kHz}$，相位累加器宽度 $N=32$，则频率控制字为

$$M = 2^{32} \times f_{out}/f_{clk} = 4\,294\,967\,296 \times 0.04/50 = 3\,435\,973.84 \quad (2.7)$$

转化为十六进制为：$M=346DC5$，将该控制字写入 AD9835 后，AD9835 根据此控制字查找正弦查询表 LUT 后将产生频率为 40kHz 的正弦波信号。因此，只要根据时钟信号频率和所需要输出的信号频率就可计算出相应的频率控制字 M，

并将其写入 AD9835 就可以得到所需要的频率信号。

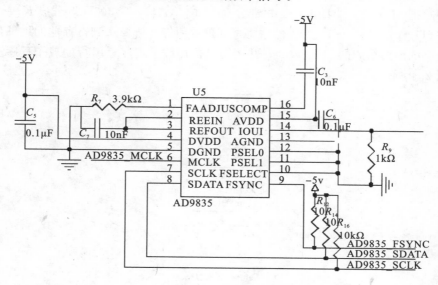

图 2.3　AD9835 外围电路图

　　DDS 的输出频率下限对应于频率控制字为 $M=0$ 时的情况，输出信号频率为 0Hz。根据 Nyquist 定理，DDS 输出频率上限应为 $f_{clk}/2$，但由于低通滤波器的非理想过渡特性及高端信号频谱恶化的限制，工程上实现的 DDS 输出频率上限一般为时钟频率的 40%，因此得到 DDS 的输出频率范围一般是 $0\sim 2f_{clk}/5$。那么本设计中的信号发生器的输出频率范围应该为 $0\sim 10MHz$，满足实验需要的 $10\sim 140kHz$ 范围。

　　频率分辨率为

$$f = 1/2^N \times f_{clk} = 1/2^{32} \times 50\ 000\ 000 = 0.012Hz \qquad (2.8)$$

　　可见，AD9835 可以产生很宽频率范围的正弦波，同时能保持很高的频率分辨率(分辨率为 0.012Hz)。

4)信号产生软件设计

　　单片机 C8051F020 串行加载 AD9835：MCLK 外接 50M 晶振作为 AD9835 的时钟。P7.0 与 FSYNC 连接，通过单片机控制其高低电平。P7.2 连接到 SCLK 控制每一位数据的写入。P7.2 与 SDATA 相连，数据由 P7.2 送入 SDATA。这样利用 AD9835 的串行写入线 FSYNC、SCLK 和 SDATA，根据其数据加载时序，可以向 AD9835 写入 16 位数据。C8051F020 的 P7.1、P7.2、P7.0 分别控制 AD9835 的 SDATA、SCLK 和 FSYNC。主程序初始化时，将 SCLK 设置为低电平，FSYNC 为高电平。

当主程序将需要输出的信号频率控制字 M 计算出来以后，调用信号产生子程序，把 M 的值分为四部分，每部分为 16 位，如将 $M=346DC5$ 分成 $K_1=C5$，$K_2=6D$，$K_3=34$，$K_4=00$。然后将每部分的值加上所要送到寄存器的地址值和命令字的值所组成的 16 位数据，并调用串行加载子程序，串行加载子程序流程如图 2.4 所示。

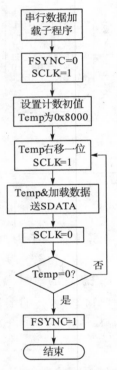

图 2.4　串行加载子程序流程图

图 2.5 中 AD9835 的控制时序和串行加载时序，其串行加载子程序的流程是：首先，C8051F020 控制 FSYNC 由高电平变为低电平，通知 AD9835 有数据写入，然后控制 SCLK 由低电平变为高电平，C8051F020 接着将数据 D15 由 P3.0 输出，再控制 SCLK 由高电平变为低电平，将数据 D15 写入 AD9835，按照写入 D15 的过程，依次写入 D14、D13、…、D1、D0。最后，C8051F020 控制 FSYNC，使其由低电平变为高电平，完成 16 位数据的写入。

5）电压跟随器

电压跟随器由集成运算放大器 NE5532 以及少量外围电路搭建构成，用做缓冲级和隔离级。因为电压放大器的输出阻抗一般比较高，通常在几千欧到几十千欧，如果后级的输入阻抗比较小，那么信号就会有相当部分损耗在前级的输

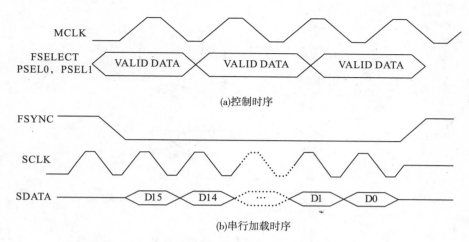

图 2.5　AD9835 控制时序和串行加载时序

出电阻中。DDS 信号发生器产生的信号驱动负载能力较小,因此需要一个由运算放大器搭建负反馈 1∶1 放大电路的电压跟随器加大驱动负载能力,并保证输出信号的平稳性。NE5532 为顶级音频前置放大器,其主要技术参数如下。

(1)工作电压范围:±3～±20V。

(2)静态工作电流:6mA。

(3)输入电压失调:0.5V。

(4)输入噪声电压:5nV/(rt・Hz)。

(5)最大输出电流:38mA。

(6)输出电压摆幅:距离上下限各有 2V 的死区。

6)宽频带功率可调功率放大器与网络匹配

AD9835 产生的信号电流小,驱动能力弱,需经 MOSFET 栅极驱动芯片对该信号进行功率放大后才能提供给换能器使用。

(1)功率放大器的设计。

为设计方便,选用场效应管来构建放大电路,首先根据放大目标确定相关参数:放大电路供电电压为 24V,放大功率 P 应为 45W 才能保证放大输出后的功率达到 30W,那么等效电阻应为 12.8Ω,功放的最大通过电流为 1.875A。

本设计选用 IRF540N 作为功放管,其主要参数为:$V_{DDS}=100V$,$R_{DS(on)}=44mΩ$,$I_D=33A$。可见其满足最大电流的要求。

由 IRF540N 构成的功率放大电路如图 2.6 所示,其输出接变压器 T1,变压器 T1 的作用是对功率放大器和超声波换能器进行阻抗匹配。

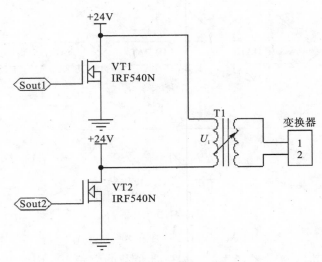

图 2.6 功率放大电路

Sout1 和 Sout2 脉冲信号分别驱动两个功放管，当 Sout1 输出为脉冲时，
VT1 导通，VT2 截止；当 Sout2 输出为脉冲时，VT2 导通，VT1 截止；这样其
等效负载——变压器原边上的电压信号 U_i 为一方波信号，具体的波形如图 2.7
所示。

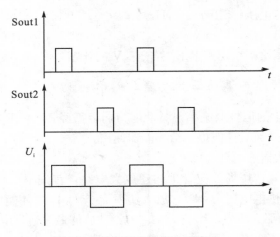

图 2.7 功放输入输出电压波形

（2）阻抗匹配。
超声波换能器工作条件为：a. 信号频率要为换能器的谐振频率；b. 输入
信号要足够大的驱动能力。
超声波发生器与换能器匹配的主要原因有：a. 发生器需要一个最佳的负载

才能输出额定功率，所以要把换能器的阻抗变换成最佳负载，使发生器向换能器输出额定的电功率；b. 由于换能器是一容性负载，具有静电抗，这样造成工作频率上的输出电压和电流有一定相位差，从而使输出功率得不到期望的最大输出，使发生器输出效率降低，因此在发生器输出端并联上或串联上一个相反的电抗，使发生器负载为纯电阻，也即调谐作用。

①阻抗匹配原理。

换能器阻抗匹配的一般原理包括两个方面：a. 阻抗变换。根据阻抗匹配原理，当负载为纯电阻时，信号源的内阻和负载相同时负载能够得到额定功率，可以通过在信号源和负载之间加入变压器的方法将换能器的阻值变换成与信号源的内阻相等的阻值。故信号源与换能器之间达到阻抗匹配。b. 调谐。压电换能器存在一定的电抗，造成在工作频率上输出电压和电流之间存在一定的相位差，使得输出功率达不到期望的最大值，需要在信号源的输出端并联或串联一个反向电抗使信号源的负载变为纯电阻。

②换能器阻抗特性分析。

压电换能器是用谐振方式进行能量转换的，它在谐振频率附近工作时，其等效电路如图 2.8 所示。C_0 是压电换能器静态电容；C_1 是动态电容；L_1 是动态电感；R_1 是动态电阻；其阻抗为

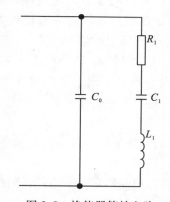

图 2.8　换能器等效电路

$$Z = \frac{[R_1 + j(\omega L_1 - 1/\omega C_1)]}{j\omega C_0 [R_1 + j(\omega L_1 - 1/\omega C_1)] + 1} \tag{2.9}$$

整理得

$$Z = \frac{(\omega^2 - \omega_s^2)L_1 C_0 - j\omega C_0 R_1}{\omega C_0 [1 - (\omega^2 - \omega_s^2)L_1 C_0 + j\omega C_0 R_1]} \tag{2.10}$$

式中，ω 为换能器工作角频率，ω_s 为换能器串联谐振角频率，且 $\omega_s = \sqrt{1/C_1 L_1}$。

（3）阻抗变换设计。

阻抗变换设计采用变压器构成匹配电路，变压器的原边与功率放大器输出

端相连作为其等效负载，见图 2.6。这里以 YP-2040-2D 型换能器为例进行阻抗匹配设计。首先确定变压器两边相关参数。

变压器原边信号参数为：$U_1 = 24\text{V}$，$R_0 = 12.8\Omega$。

变压器副边参数为：$f_s = 38.5\text{kHz}$，$R_1 = 60\Omega$，$P = 45\text{W}$。

计算出换能器两端电压，根据

$$P = U_2^2 / R_1 \qquad\qquad (2.11)$$

可得

$$U_2 = \sqrt{PR_1} = \sqrt{45 \times 60} \approx 52\text{V} \qquad\qquad (2.12)$$

进一步得到电流值，

$$I_2 = U_2 / R_1 = 52/60 \approx 0.87\text{A} \qquad\qquad (2.13)$$

在电源电压给定之后，输出功率的大小取决于等效负载 R_L'。通过输出变压器的初次级线圈的匝数比进行变换。变压器次初级匝数比为 n/m，则次初级匝数比为

$$N = n/m = U_2 / U_1 = 52/24 = 2.16 \approx 2 \qquad\qquad (2.14)$$

由此可见该变压器为一升压变压器。

(4) 调谐设计。

调谐匹配使换能器两端的电压和电流同相。从而使效率最高，同时串联谐振可以提高换能器两端电压，有利于对压电换能器激励。由于压电换能器存在静电电容 C_0，在换能器谐振状态时，换能器上的电压 U_2 与电流 I_2 间存在一定的相位角 φ，其输出功率 $P_0 = U_2 I_2 \cos\varphi$。由于 φ 的存在，输出功率达不到最大值。要使电压 U_2 与电流 I_2 同相，可通过在换能器上并联或串联一个电感 L_0 来实现。

此处采用并联一个电感的方法来实现换能器的调谐，并联匹配电路如图 2.9 所示。

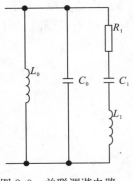

图 2.9　并联调谐电路

当匹配电感为式 2.15 时，换能器呈现纯阻性，阻抗为 R_1。

$$L_0 = \frac{1}{\omega_s C_0} \qquad\qquad (2.15)$$

2.2.2　信号接收模块设计

接收换能器在接收到穿透煤介质传播过来的超声波后，将其转换为相应频率的电信号。由于超声波信号的大部分能量在通过煤介质的过程中被吸收衰减，所以接收换能器所收到的信号只是很小的一部分，而且换能器自身的能量转化率较低，这样就造成接收换能器转化来的电信号非常微弱。微弱的信号不利于从中提取所需的反馈信息，因此，需要对该信号进行一定的放大。另外该信号中存在很多低频和高频干扰，如果不消除这些干扰，就容易使系统采集到错误

的信息，从而达不到预期的控制要求。中心频率与接收信号频率接近的带通滤波器可以消除通带以外的一切干扰信号。通过滤波器的信号经过 RMS/DC 转换后为一直流电压信号，单片机根据接收到的电压信号来确定换能器的接收信号的频率，即以接收到电压信号最大时的频率作为接收信号的频率。信号接收模块主要由超声波接收换能器、信号调节器、可控频率时钟信号发生器、程控带通滤波器以及 RMS-DC 均方根值转换器组成。

1)信号调节器

煤层气抽采实验要对在多个频率的声场作用下的煤层气特性进行研究，选择的超声波换能器谐振频率范围为 20~100kHz。这就要求放大电路要具有一定的带宽以保证对各种频率的接收信号都能够放大。

本设计采用宽带运算放大器 NE5532 对接收信号进行放大，因为 NE5532 是一个低噪声双运算放大器，具有 10MHz 的带宽，可应用于增益稳定性要求高和输出驱动能力强的场合。由于在实验过程中测得的接收信号最大只有几百毫安，所以本设计将该信号进行 10 倍放大，由 NE5532 构成的放大电路如图 2.10 所示。

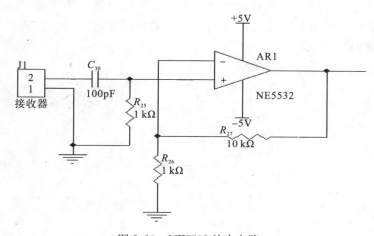

图 2.10　NE5532 放大电路

2)程控带通滤波器设计

由于不清楚换能器接收信号的频率，所以不能够采用频带固定的滤波器对其进行滤波。对换能器接收信号的滤波应该采用扫频滤波的方式，以不同的带通滤波器对接收信号进行滤波，直到单片机接收到的反馈电压信号达到最大，并用软件编程来确定接收信号的频率和功率。

本设计采用 MAX262 进行可编程带通滤波器的设计，通过单片机来对其设定时钟频率、f_0 以及 Q 值。

（1）MAX262 芯片介绍。

MAX262 是 CMOS 双一阶通用开关电容有源滤波器，由微处理器精确控制滤波函数。它可构成各种带通、低通、高通、陷波和全通滤波器，且不需外部器件。每个器件含两个一阶滤波器，在程序控制下设置中心频率 f_0、品质因数 Q 和滤波器工作方式。

MAX262 输入时钟频率与 6 位 f_0 编程输入代码共同决定滤波器的中心频率或截止频率，不影响其他滤波参数。滤波器 Q 值也可独立编程。每个滤波器的独立时钟输入端可以连接晶体、RC 网络或外部时钟发生器。片内开关和电容提供反馈以控制每个滤波器的 f_0 和 Q。内部电容的开关速率是影响这些参数精度的主要因素，尽管这些开关——电容网络（SCN）实际上为采样系统，但它们的特性可与连续滤波器（如 RC 快速滤波器）的特性相媲美。时钟频率与中心频率之比（f_{clk}/f_0）保持高值，以便保持理想的二阶状态变量响应。

①内部结构。

MAX262 主要由放大器、积分器、电容切换网络（SCN）和工作模式选择器组成。积分器、电容切换网络（SCN）和工作模式选择器分别由编程数据 $M_0 M_1$，$F_0 \sim F_5$，$Q_0 \sim Q_6$ 控制。MAX262 内部有两个二阶滤波器，滤波器 A 和 B 可以单独使用，也可级联成四阶滤波器使用。芯片的使用非常灵活，但它们均受同一组编程数据的控制，如图 2.11 所示。

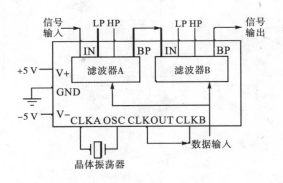

图 2.11　MAX262 内部结构

MAX262 芯片的工作频率为 1Hz～140kHz。当时钟频率为 4MHz，工作模式选择为模式 3 时，芯片可以对 140kHz 的输入信号进行滤波处理。其他工作模式的最高工作频率为 100kHz。滤波器 A 和 B 可以采用内部时钟，也可以采用外部时钟。外部时钟分别从芯片的引脚 CLKA、CLKB 引入，对外部时钟无占空比要求。

②编程参数。

MAX262 芯片有三个编程参数：中心频率 f_0、Q 值和工作模式。

中心频率由编程数据 $F_0 \sim F_5$ 控制，共 64 个不同的二进制数据，每个数据对应一个时钟频率 f_{clk} 与中心频率 f_0 的比值 f_{clk}/f_0。表 2.1 给出了 MAX262 芯片的 f_{clk}/f_0 与编程数据 $F_0 \sim F_5$ 的对应关系。在系统实现时，可以采用查表的方法获得编程数据。

表 2.1　f_{clk}/f_0 编程选择表

f_{clk}/f_0		编程代码						
方式 1，3，4	方式 2	N	F_5	F_4	F_3	F_2	F_1	F_0
40.84	28.88	0	0	0	0	0	0	0
42.41	29.99	1	0	0	0	0	0	1
…	…	…	…	…	…	…	…	…
138.23	97.94	62	1	1	1	1	1	0
139.80	98.85	63	1	1	1	1	1	1

在方式 1、3 和 4 中，$f_{clk}/f_0 = (26+N)\pi/2$，其中 N 从 0 变到 63；而在方式 2 中，由于所有的 f_{clk}/f_0 比值被除以 $\sqrt{2}$，所以 $f_{clk}/f_0 = 1.11072(26+N)$。

Q 值由编程数据 $Q_0 \sim Q_6$ 控制，共 128 个不同的二进制数据，每个数据对应一个不同的 Q 值，最小的 Q 值为 0.5，最大的 Q 值为 64（如果芯片工作在模式 2 则可达 90.5）。表 2.2 给出了编程数据 $Q_0 \sim Q_6$ 与 Q 值的对应关系。

表 2.2　Q 编程选择表

Q		编程代码						
方式 1，3，4	方式 2	N	Q_6	Q_5	Q_4	Q_3	Q_2	Q_1	Q_0
0.500	0.707	0	0	0	0	0	0	0	0
0.504	0.713	1	0	0	0	0	0	0	1
…	…	…	…	…	…	…	…	…	…
32.0	45.3	126	1	1	1	1	1	1	0
64.0	90.5	127	1	1	1	1	1	1	1

在方式 1、3 和 4 中，$Q = 64/(128-N)$；而在方式 2 中，$Q = 90.51/(128-N)$。

工作模式由编程数据 M0M1 控制，分别对应工作模式 1，2，3 和 4。模式 1 可以实现低通、带通和带阻滤波；模式 2 基本与模式 1 相同，只是该模式可以获得最高的 Q 值；模式 3 是唯一可以实现高通滤波的模式；且只有模式 4 才能实现全通滤波，它和模式 3 也可以实现低通和带通滤波。

　　带通、低通、高通、陷波和全通滤波器的选择通过 MAX262 的引脚连接来确定。

　　编程参数 f_0、Q 值和工作模式确定以后，只要将相应的编程数据装入 MAX262 芯片内部的寄存器，滤波器的类型和频率特性也就确定了。

　　(2)基于 MAX262 的可编程带通滤波器的设计。

　　①带通滤波器电路设计

　　本设计采用 MAX262 设计可编程带通滤波器，具体连接电路如图 2.12 所示，把滤波器 A 的 BPA 引脚与滤波器 B 的 INB 引脚相连，这样形成一个四阶带通滤波器。经 NE5532 放大后的信号从 INA 进入带通滤波器后，经过滤波后从 BPB 输出发送到 MX636。本设计中滤波器 A 和滤波器 B 的时钟信号由 AD9835 为其提供，这样可以根据所需滤波器的 f_0 值，以及其时钟信号来确定编程数据。

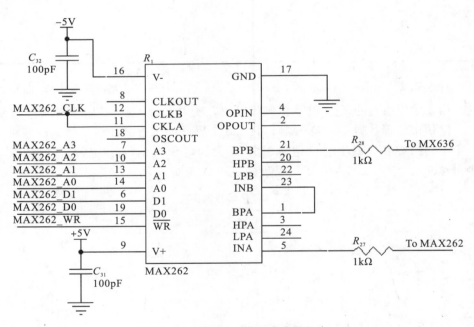

图 2.12　MAX262 带通滤波器电路

　　②带通滤波器的软件设计

　　本设计是将滤波器 A 与滤波器 B 串联构成四阶带通滤波器，那么向它们写入的 f_{clk}/f_0、Q 及工作模式控制字的值是相同的，不同的是根据它们的地址写入而已。根据 MAX262 的控制数据输入时序(图 2.13)，在 $\overline{WR}$ 的下降沿将数据写到滤波器 A 和滤波器 B。

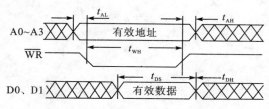

图 2.13　控制数据输入时序

MAX262 的地址 A0~A3 与数据 D0、D1 的关系如表 2.3 所示。由表 2.3 可以看出，每个滤波器的工作模式、中心频率 f_0、品质因数 Q 值所需编程数据，均需分 8 次写入 MAX262 的内部寄存器才能完成设置。

表 2.3　程序地址单元

数据		地址				单元
D0	D1	A3	A2	A1	A0	
滤波器 A						
M_{0A}	M_{1A}	0	0	0	0	0
F_{0A}	F_{1A}	0	0	0	1	1
F_{2A}	F_{3A}	0	0	1	0	2
F_{4A}	F_{5A}	0	0	1	1	3
Q_{0A}	Q_{1A}	0	1	0	0	4
Q_{2A}	Q_{3A}	0	1	0	1	5
Q_{4A}	Q_{5A}	0	1	1	0	6
Q_{6A}		0	1	1	1	7
滤波器 B						
M_{0B}	M_{1B}	1	0	0	0	8
F_{0B}	F_{1B}	1	0	0	1	9
F_{2B}	F_{3B}	1	0	1	0	10
F_{4B}	F_{5B}	1	0	1	1	11
Q_{0B}	Q_{1B}	1	1	0	0	12
Q_{2B}	Q_{3B}	1	1	0	1	13
Q_{4B}	Q_{5B}	1	1	1	0	14
Q_{6B}		1	1	1	1	15

本设计将滤波器程序设计为子程序的形式，由主程序将 f_{clk}/f_0 值和滤波器的工作方式传递给滤波器子程序。滤波器子程序根据主程序提供的信息进行查表，求出 F_0~F_5 和 Q_0~Q_6 的值后送入 MAX262。滤波器子程序流程如图 2.14

所示。

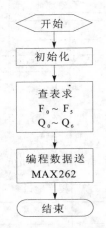

图 2.14　滤波器程序流程

3)电压转换设计

经过 MAX262 带通滤波处理的信号需要进行再处理后,才能如预期的接收信息。本设计使用 MX636 将滤波后的交流信号进行 RMS 到 DC 转换,即将该信号的均方根值转化为直流电压信号。由于带通滤波器进行的是一个扫频过程,那么经 MX636 转化得到的电压信号有若干个,比较各个频点的数据信息来取得电压信号的最大值,并以此频点频率作为接收信号的频率在 LCD 上显示出来[37]。

① MX636 芯片介绍。

MX636 是一款真 RMS 至 DC 变换器,支持单电源和双电源供电,单电源为 +24V,双电源为 ±12V。它可以对同时含有 AC 和 DC 分量的复杂输入波形进行 RMS/DC 变换,允许输入信号的电压范围为 ±12V。

所谓的 RMS/DC 变换就是将交流信号的有效值转化为直流值,对于正弦波,RMS 是峰值的 0.707 倍,或者是峰-峰值的 0.354 倍。正弦波信号进行 RMS/DC 变换的波形变化如图 2.15 所示。

②电路设计。

图 2.16 为 MX636 的电路原理图,经 MAX262 带通滤波器滤波处理后的交流信号由 MX636 的 VIN 引脚进入,经过变换后的直流信号由其 BUFOUT 引脚输出到单片机,再由单片机对该直流信号进行 A/D 采样处理[39]。

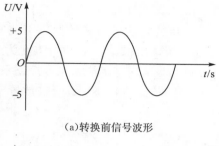

（a）转换前信号波形

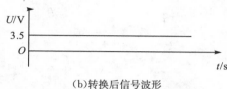

（b）转换后信号波形

图 2.15　正弦波的 RMS/DC 变换

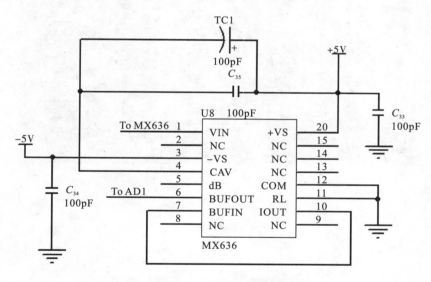

图 2.16　MX636 信号转换电路

2.3　可控声震法实验系统设计

2.3.1　声场作用下甲烷吸附/解吸装置

声场作用下甲烷吸附/解吸装置可以测定声场作用下甲烷的吸附/解吸特性，主要由声波发生器、配气缸、吸附/解吸缸、气体供给系统、测试系统、温度控制系统六部分组成，如图 2.17、图 2.18 所示。声波发生器是浙江杭州成功超声设备有限公司所研发的 ZJS-2000 型声波发生器；配气缸为吸附实验配气装置；吸附/解吸缸可放置 120.0g 煤样，能进行高、低压甲烷的吸附、解吸实验；气体由高压瓦斯气瓶通过减压阀减压供给，甲烷的浓度为 99.9%；在测试部分，吸附实验采用容积法、解吸实验采用排水法。温度控制系统为 XH001 恒温试验箱，精度为 0.1℃，实验中将配气缸和吸附/解吸缸放置于恒温度试验箱中，保证实验温度恒定。

图 2.17　声场作用下甲烷吸附/解吸装置

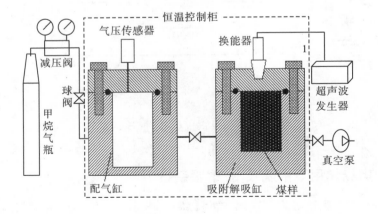

图 2.18　声场作用下煤中甲烷吸附/解吸装置示意图

1)声波发生器与换能器

ZJS-2000 型声波发生器声强可调节,分为三挡,如图 2.19 所示。换能器频率分别为 15kHz 和 20kHz,其中 15kHz 换能器最大功率分别为 2200W 和 3000W,20kHz 换能器最大功率为 1500W。采用温度换算法测量声波发生器的功率和声强参数,将声波探头放入水中 10min,用温度计测出 10min 后水升高的温度,最后根据水的比热容计算出换能器每一挡的功率和声强,测试结果如表 2.4 所示。

（a)声波发生器　　　　　　　　(b) 15kHz、20kHz 换能器

图 2.19　声波发生器及换能器

表 2.4　实验换能器参数

频率 f/ kHz	最大功率 P_{max}/W	挡位	温差 ΔT/℃	能量 E/J	时间 t/s	功率 P/W	声强 J/(W·cm^{-2})
20	1500	一	3.5	36750	600	61.25	2.166
		二	4.4	46200	600	77	2.723
		三	4.6	48300	600	80.5	2.847
15	2200	一	4.4	46200	600	77	2.723
		二	4.9	51450	600	85.75	3.032
		三	5.5	57750	600	96.25	3.404
15	3000	一	2.5	50946	600	84.91	3.000
		二	2.8	57059	600	95.09	3.360
		三	3.3	61995	600	103.32	3.651

2)声场作用下煤吸附甲烷实验方法

(1)对实验煤样进行工业分析,测定煤样的水分、灰分、挥发分、固定碳含量等参数。

（2）用精密电子天平称一定量的煤样置于吸附缸中，拧紧螺栓，然后启动恒温试验箱加温到试验所需温度。

（3）开启真空泵对煤样抽真空 8h，要求真空度达到 4Pa 以下。

（4）开启高压甲烷气瓶，通过减压阀向配气缸中充入一定压力的甲烷后，记录配气缸中的气压 P_1。打开高压球阀让配气缸中的甲烷进入吸附缸中，让煤样吸附 8h 左右达到平衡，记录平衡后的气压 P_2。

（5）实验中加声场，进行吸附实验时开启声波发生器，测定声场作用下煤对甲烷的吸附量。

（6）煤对甲烷吸附量计算公式如下：

$$n_1 = \frac{P_1 V_1}{RT} \tag{2.16}$$

式中，P_1 为配气缸的气体压力，Pa；V_1 为配气缸和高压管路的容积，m^3；n_1 为配气缸中甲烷气体物质的量，mol；R 为摩尔气体常量，$R = 8.314$ Pa·m^3·(mol·K)$^{-1}$；T 为热力学温度，K。

$$n_2 = \frac{P_2 V_2}{RT} \tag{2.17}$$

式中，P_2 为吸附平衡后气体压力，Pa；V_2 为配气缸、吸附缸和高压管路的容积，m^3；n_2 为吸附平衡后甲烷气体物质的量，mol。

由公式（2.16）、（2.17）可得煤对甲烷的吸附量：

$$Q_a = (n_1 - n_2) \times 22.4 \times 10^3 / M(1 - A' - w') \tag{2.18}$$

式中，Q_a 为煤对甲烷的吸附量，mL/g；M 为吸附缸中煤粉质量，g；A' 为煤的灰分含量，%；w' 为煤的含水量，%。

3）声场作用下煤中甲烷解吸实验方法

（1）对实验煤样进行工业分析，测定煤样的水分、灰分、挥发分、固定碳含量等参数。

（2）从试样瓶中取出煤样，对煤样称重，然后放置于解吸缸中。

（3）启动恒温试验箱使温度达到实验温度，开启真空泵抽真空 8h，使解吸缸达到真空状态后，然后向吸附缸中注入一定压力的甲烷气体，使煤样吸附甲烷至吸附平衡。

（4）打开高压阀，让解吸缸与大气接通 30s，然后连接橡皮管，测量出不同时刻放水瓶排出到量筒中的水的体积，得出解吸量与时间的动力学关系曲线；

（5）若要测定声场作用下甲烷的解吸特性，在甲烷开始解吸时同时开启声波发生器。

2.3.2 声场作用下甲烷渗流装置

自行设计的声场作用下甲烷渗流装置由自行研发的智能声波发生器、常规三轴渗流系统、变形测试系统、气体供给系统、流量测试五部分组成，如图 2.20、图 2.21 所示。可控声波发生器是一套智能化的发生器系统，由接机换能器、发射换能器、智能控制系统三部分组成；常规三轴渗流系统是自行设计的一个压力容器，围压可以达到 8MPa，由电动液压泵加围压，轴向由 10t 材料试验机加载；变形测试系统在煤样表面粘贴应变片，用应变仪测试试件的变形；气体供给系统为高压甲烷气瓶通过减压阀减压供给，实验的气体压力可以达到 5MPa；气体流量测定采用北京七星华创电子股份有限公司研制的 D07-19B 质量流量计，测定流量量程 0～2L • min^{-1}，精度 ±0.2％F • S。

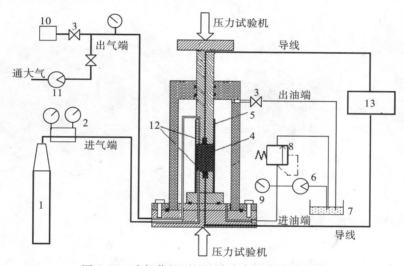

图 2.20　声场作用下甲烷渗流实验装置示意图

1. 高压甲烷气瓶；2. 减压阀；3. 高压球阀；4. 煤样；5. 热收缩管；6. 电动液压泵；
7. 油箱；8. 溢流阀；9. 高精密压力表；10. 质量流量计；11. 真空泵；12. 超声波收发探头；
13. 可控超声波发生器

（a）常规三轴渗流系统

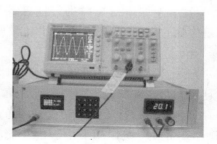

（b）智能声波发生器

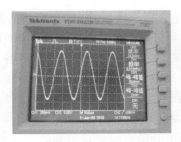
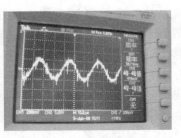

(c)声波探头发射端的信号　　　　　　　　(d)声波探头接收端的信号

(e)　质量流量计　　　　　　(f) 27.7kHz、34.1kHz、40.0kHz 换能器

图 2.21　声场作用下甲烷渗流实验装置

声场作用下甲烷渗流实验方法：

(1)现场钻 ϕ50mm 的煤芯，用保鲜膜包裹煤芯，放入木箱中，然后运回实验室，用切割机将煤芯加工成 ϕ50mm×100mm 的原煤试件。型煤试件加工，将现场取回的煤块破碎，筛取 40～80 目的微粒，加入少量水搅拌，用成型模具加工成 ϕ50mm×100mm 圆柱体，然后将试件放在 100℃烘箱中烘干 4h。

(2)实验采用图 2.20 所示的渗流装置，将试件与压头用热收缩管密封，然后放入三轴压力室内，拧紧压力室所有螺栓，安装好后，启动电动液压泵向压力室内注围压油排出空气，压力室注满油后，关闭回油阀，在试件上加一定的围压与轴向应力。

(3)启动真空泵，对煤样进行抽真空 12h，然后关闭出气阀，打开进气阀，高压甲烷气瓶中的甲烷气体经减压阀减压后流入试件，让煤样吸附甲烷达到饱和。

(4)打开出气阀，出气端与气体流量计连接，测定每一种应力状态下的甲烷流量，连续测量 3 次取其平均值。

(5)然后通过公式计算该应力状态下的煤样渗透率。

(6)若要测量声场作用下甲烷的渗流时，当不加声场时甲烷流量达到稳定后，然后打开声波发生器系统给试件施加声场 1h，测量出声场作用下甲烷的流量与时间。

2.4　本章小结

研制了一套能够模拟煤层气环境的可控声震法作用下煤层气吸附、解吸、渗透实验系统，在超声波收发装置的设计采用了 DDS、可编程带通滤波器设计等新技术。

第3章　声波在煤储层中的传播及衰减规律

声波是机械振动而产生的，根据振动的频率不同，声波可分为次声波、可闻声波、超声波、特超声波。次声波的频率范围为 $0\sim20\mathrm{Hz}$，可闻声波的频率范围为 $20\sim2\times10^4\mathrm{Hz}$，超声波的频率范围为 $2\times10^4\sim10^{12}\mathrm{Hz}$，特超声波的频率范围为大于 $10^{12}\mathrm{Hz}$。1830 年 F. Savvr 用齿轮第一次产生 $2.4\times10^4\mathrm{Hz}$ 的超声波以来，超声学就不断地发展，现在广泛应用于探伤、加工、医疗、粉碎、种子处理、乳化、石油开采中。苏联和美国率先将声波技术应用于采油，取得了很大的成就，并引起了国内外学者高度重视。它可以提高岩体渗透率、降黏、防蜡、除垢、解堵、油井增产、水井增注等[90]。近几年我国也将超声波技术应用于采油工程中，在大庆、玉门、胜利油田进行过现场实验，中国石油大学也曾做过室内实验，用 250W、20kHz 的超声波对岩石进行实验，可提高岩石渗透率 322%[91,92]。鉴于声波技术的特点，20 世纪 90 年代后期，鲜学福院士曾提出了用可控声震法来提高煤层气抽采率的思想，认为声场作用可以使煤体机械碎裂和升高煤质点温度，从而可以降低煤对煤层气的吸附量和提高煤储层的渗透率。

3.1　声波在煤储层中的传播理论

3.1.1　声波在煤体中传播的波动方程和速度

根据弹性力学理论,三维空间一微元立方单元的应力状态如图 3.1 所示,在 x、y、z 三个方向的合力 $\sum F_x$、$\sum F_y$、$\sum F_z$ 分别可表式为

$$\begin{cases} \sum F_x = \left(\dfrac{\partial \sigma_x}{\partial x} + \dfrac{\partial \tau_{yx}}{\partial y} + \dfrac{\partial \tau_{zx}}{\partial z} + X\right)\mathrm{d}x\,\mathrm{d}y\,\mathrm{d}z \\[2mm] \sum F_y = \left(\dfrac{\partial \tau_{xy}}{\partial x} + \dfrac{\partial \sigma_y}{\partial y} + \dfrac{\partial \tau_{zy}}{\partial z} + Y\right)\mathrm{d}x\,\mathrm{d}y\,\mathrm{d}z \\[2mm] \sum F_z = \left(\dfrac{\partial \tau_{xz}}{\partial x} + \dfrac{\partial \tau_{yz}}{\partial y} + \dfrac{\partial \sigma_z}{\partial z} + Z\right)\mathrm{d}x\,\mathrm{d}y\,\mathrm{d}z \end{cases} \tag{3.1}$$

式中，σ_x、σ_y、σ_z、τ_{xy}、τ_{yz}、τ_{zx} 为物体内任意一点的 6 个应力分量；X、Y、Z 为体力的三个分量；$\mathrm{d}x$、$\mathrm{d}y$、$\mathrm{d}z$ 为六面体的边长。

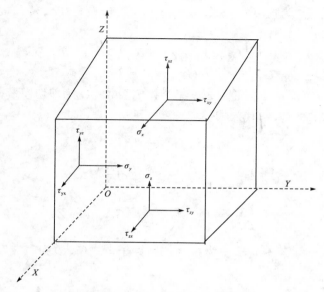

图 3.1 微元立方单元的应力状态

根据牛顿第二定律，质点在 x、y、z 方向的运动方程为

$$\begin{cases} \sum F_x = \rho \mathrm{d}x\mathrm{d}y\mathrm{d}z \dfrac{\partial^2 u}{\partial t^2} \\[2mm] \sum F_y = \rho \mathrm{d}x\mathrm{d}y\mathrm{d}z \dfrac{\partial^2 v}{\partial t^2} \\[2mm] \sum F_z = \rho \mathrm{d}x\mathrm{d}y\mathrm{d}z \dfrac{\partial^2 w}{\partial t^2} \end{cases} \tag{3.2}$$

式中，u、v、w 为质点在 x、y、z 方向的位移；t 为时间；ρ 为密度。

将式(3.2)代入式(3.1)可得立方体单元运动方程组

$$\begin{cases} \rho \dfrac{\partial^2 u}{\partial t^2} = \dfrac{\partial \sigma_x}{\partial x} + \dfrac{\partial \tau_{yx}}{\partial y} + \dfrac{\partial \tau_{zx}}{\partial z} + X \\[2mm] \rho \dfrac{\partial^2 v}{\partial t^2} = \dfrac{\partial \tau_{xy}}{\partial x} + \dfrac{\partial \sigma_y}{\partial y} + \dfrac{\partial \tau_{zy}}{\partial z} + Y \\[2mm] \rho \dfrac{\partial^2 w}{\partial t^2} = \dfrac{\partial \tau_{xz}}{\partial x} + \dfrac{\partial \tau_{yz}}{\partial y} + \dfrac{\partial \sigma_z}{\partial z} + Z \end{cases} \tag{3.3}$$

几何方程为

$$\begin{cases} \varepsilon_x = \dfrac{\partial u}{\partial x}, \varepsilon_y = \dfrac{\partial v}{\partial y}, \varepsilon_z = \dfrac{\partial w}{\partial z} \\[2mm] \gamma_{xy} = \dfrac{\partial v}{\partial x} + \dfrac{\partial u}{\partial y}, \gamma_{yz} = \dfrac{\partial v}{\partial z} + \dfrac{\partial w}{\partial y}, \gamma_{zx} = \dfrac{\partial u}{\partial z} + \dfrac{\partial w}{\partial x} \\[2mm] 2\omega_x = \dfrac{\partial w}{\partial y} - \dfrac{\partial v}{\partial z}, 2\omega_y = \dfrac{\partial u}{\partial z} - \dfrac{\partial w}{\partial x}, 2\omega_z = \dfrac{\partial v}{\partial x} - \dfrac{\partial u}{\partial y} \end{cases} \tag{3.4}$$

式中，ε_x、ε_y、ε_z 为应变；γ_{xy}、γ_{yz}、γ_{zx} 为剪应变；ω_x、ω_y、ω_z 为旋转应变。胡克定律为

$$\begin{cases} \sigma_x = \lambda\theta + 2G\varepsilon_x, \sigma_y = \lambda\theta + 2G\varepsilon_y, \sigma_z = \lambda\theta + 2G\varepsilon_z \\ \tau_{xy} = G\gamma_{xy}, \tau_{yz} = G\gamma_{yz}, \tau_{zx} = G\gamma_{zx} \end{cases} \tag{3.5}$$

式中，θ 为体应变，$\theta = \varepsilon_x + \varepsilon_y + \varepsilon_z$；$\lambda$ 为拉梅系数；G 为剪切模量；

将式(3.4)、式(3.5)代入式(3.3)整理可得

$$\begin{cases} \rho\dfrac{\partial^2 u}{\partial t^2} = (\lambda + G)\dfrac{\partial \theta}{\partial x} + G\nabla^2 u + X \\[2mm] \rho\dfrac{\partial^2 v}{\partial t^2} = (\lambda + G)\dfrac{\partial \theta}{\partial y} + G\nabla^2 v + Y \\[2mm] \rho\dfrac{\partial^2 w}{\partial t^2} = (\lambda + G)\dfrac{\partial \theta}{\partial z} + G\nabla^2 w + Z \end{cases} \tag{3.6}$$

式中，$\nabla^2 = \dfrac{\partial^2}{\partial x^2} + \dfrac{\partial^2}{\partial y^2} + \dfrac{\partial^2}{\partial z^2}$ 为拉普拉斯算子，式(3.6)为声波在煤储层中传播的波动方程[93]。

煤体为固体，其纵波和横波都能在煤体中传播。在式(3.6)方程组中，每一个方程右边由三项组成，其中第一项对应于无剪切变形；第二项相当于体积膨胀等于 0 时（$\theta = 0$），对应于纯剪切变形；第三项代表造成无变形的刚体运动的力密度。对式(3.6)中三式分别对 x、y、z 求偏微分并相加，假定体力为常数，则

$$\frac{\partial^2 \theta}{\partial t^2} = \frac{\lambda + 2G}{\rho}\nabla^2\theta \quad \text{或} \quad \frac{\partial^2 \Phi}{\partial t^2} = \frac{\lambda + 2G}{\rho}\nabla^2\Phi \tag{3.7}$$

式中，Φ 为波函数；θ 表示物体膨胀或收缩状态的物理量。式(3.7)表示为扰动传播的波动方程，以 $\sqrt{(\lambda + 2G)/\rho}$ 速度在无限介质中传播，质点的振动方向与波的传播方向一致，称为纵波，用 V_p 表示。

将式(3.6)后两式分别对 z、y 偏微分相减消去 θ，同样假定体力为常数，则

$$\rho\left[\frac{\partial^2}{\partial t^2}\left(\frac{\partial w}{\partial y} - \frac{\partial v}{\partial z}\right)\right] = G\nabla^2\left(\frac{\partial w}{\partial y} - \frac{\partial v}{\partial z}\right) \tag{3.8}$$

即

$$\begin{cases} \dfrac{\partial^2 \omega_x}{\partial t^2} = \dfrac{G}{\rho}\nabla^2\omega_x \\[2mm] \dfrac{\partial^2 \omega_y}{\partial t^2} = \dfrac{G}{\rho}\nabla^2\omega_y \quad \text{或} \quad \dfrac{\partial^2 \Psi}{\partial t^2} = \dfrac{G}{\rho}\nabla^2\Psi \\[2mm] \dfrac{\partial^2 \omega_z}{\partial t^2} = \dfrac{G}{\rho}\nabla^2\omega_z \end{cases} \tag{3.9}$$

式中，Ψ 为波函数。

式(3.9)与体积膨胀无关，因而是旋转分量 ω_x、ω_y、ω_z 的波动方程，以

$\sqrt{G/\rho}$ 速度在无限介质中传播，质点的振动方向与波的传播方向垂直，称为横波，用 V_s 表示。

则纵波和横波在煤体中传播的波速为

$$\begin{cases} V_s = \sqrt{\dfrac{G}{\rho}} = \sqrt{\dfrac{E}{2\rho(1+\mu)}} \\[3mm] V_p = \sqrt{\dfrac{(\lambda+2G)}{\rho}} = \sqrt{\dfrac{E(1-\mu)}{\rho(1+\mu)(1-2\mu)}} \end{cases} \tag{3.10}$$

式中，V_p 为纵波速度；V_s 为横波速度；E 为弹性模量；G 为剪切模量；μ 为泊松比。

式(3.10)中，若已知材料的 E、G、μ、ρ 则可以计算波在物体中的传播速度 V_p、V_s，适用于未破裂的物体；反之，若已知 V_p、V_s、ρ 则可以计算材料的力学参数 E、G、μ，适用于破裂的物体。对于未破裂的煤体，取弹性模量 $E=1800\text{MPa}$，泊松比 $\mu=0.23$，密度 $\rho=1400\text{kg}\cdot\text{m}^{-3}$，则纵波速度 $V_p=386.1\text{m}\cdot\text{s}^{-1}$；横波速度 $V_s=228.6\text{m}\cdot\text{s}^{-1}$。

3.1.2　声波在煤层气中传播的波动方程和速度

一般把固体中的声波称为弹性波，流体中的声音称为声波。煤层气为混合气体，不能承受剪切变形，只能承受压缩变形，因此对于各向同性的气体来说式(3.5)中的 $G=0$，即

$$P = \sigma_x = \sigma_y = \sigma_z = \lambda\theta \tag{3.11}$$

式中，P 为气体静压力。

当 $G=0$，气体体积弹性模量为

$$K_v = \frac{p}{\theta} = \lambda \tag{3.12}$$

式中，K_v 为气体体积弹性模量，对于气体，体积弹性模量等于拉梅系数。

气体中只有纵波传播，则波动方程式(3.7)可化为

$$\frac{\partial^2 \theta}{\partial t^2} = \frac{\lambda}{\rho}\,\nabla^2\theta \quad \text{或} \quad \frac{\partial^2 \Phi}{\partial t^2} = \frac{\lambda}{\rho}\,\nabla^2\Phi \tag{3.13}$$

将式(3.11)代入式(3.13)中可得

$$\frac{\partial^2 P}{\partial t^2} = \frac{\lambda}{\rho}\,\nabla^2 P \tag{3.14}$$

即气体的静压力 P 等于声压 p，于其波动方程[94]可表示为

$$\frac{\partial^2 p}{\partial t^2} = \frac{\lambda}{\rho}\,\nabla^2 p \tag{3.15}$$

式中，p 为声压。

纵波在气体中传播的波速为

$$V_a = \sqrt{\frac{\lambda}{\rho}} = \sqrt{\frac{K_v}{\rho}} \qquad\qquad (3.16)$$

式中，V_a 为纵波在气体中的波速。

若把气体看成理想气体，可以把声波传播当作快速的绝热过程，根据热力学中的绝热方程，则式(3.16)可化为

$$V_a = \sqrt{\frac{RT}{M}\left(1+\frac{R}{C_v}\right)} = \sqrt{\frac{\gamma_c P}{\rho}} \qquad\qquad (3.17)$$

式中，R 为摩尔气体常量；T 为热力学温度；M 为混合气体分子量；γ_c 为比热比，$\gamma_c = C_p/C_v$，C_p 为定压比热容，C_v 为定容比热容；P 为气体压力；ρ 为混合气体密度。

从式(3.17)可以看出：声波在气体中传播的纵波速度与气体的温度和压力有关，在标准温度(0℃)和一个大气压下声波在煤层气中的传播速度为 $453\mathrm{m \cdot s^{-1}}$[94]。

3.1.3　波动方程求解

1)平面波求解

假设在煤层气抽采中，对于本煤层顺层钻孔抽采实施声震法技术，如图 3.2 所示，声源置于孔底 O 点，发射波的类型为平面波，声源工作时使煤体与煤层气产生周期性的压力，使其做强迫振动，并在煤层中传播。假设煤体和煤层气为理想的弹性介质，在煤体中传播的纵波速度为 V_p、横波速度为 V_s，在煤层气中传播的纵波速度为 V_a。

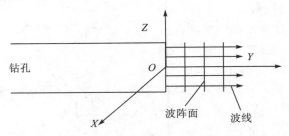

图 3.2　顺层钻孔抽采煤层气实施声震法技术

声波在煤体和煤层气中传播的波动方程为式(3.7)、式(3.9)和式(3.13)，在直角坐标系中可表示为

$$\begin{cases} \dfrac{1}{V_p^2}\dfrac{\partial^2 \Phi_2}{\partial t^2} = \left(\dfrac{\partial^2}{\partial x^2}+\dfrac{\partial^2}{\partial y^2}+\dfrac{\partial^2}{\partial z^2}\right)\Phi_2 \\[2mm] \dfrac{1}{V_s^2}\dfrac{\partial^2 \Psi_2}{\partial t^2} = \left(\dfrac{\partial^2}{\partial x^2}+\dfrac{\partial^2}{\partial y^2}+\dfrac{\partial^2}{\partial z^2}\right)\Psi_2 \\[2mm] \dfrac{1}{V_a^2}\dfrac{\partial^2 \Phi_1}{\partial t^2} = \left(\dfrac{\partial^2}{\partial x^2}+\dfrac{\partial^2}{\partial y^2}+\dfrac{\partial^2}{\partial z^2}\right)\Phi_1 \end{cases} \qquad (3.18)$$

式中，V_p 为煤体中的纵波速度；V_s 为煤体中的横波速度；V_a 为煤层气中的纵波速度；t 为时间；Φ_2、Ψ_2 为波函数（煤体）；Φ_1 为波函数（煤层气）。

式(3.18)可以采用分离变量法求解[93]，其通解为

$$\begin{cases} \Phi_2(x,y,z,t) = A_2 e^{j(wt - k_p \cdot r)} \\ \Psi_2(x,y,z,t) = B_2 e^{j(wt - k_s \cdot r)} \\ \Phi_1(x,y,z,t) = A_1 e^{j(wt - k_a \cdot r)} \end{cases} \tag{3.19}$$

$$\begin{cases} \boldsymbol{k}_p = k_{px}\boldsymbol{e}_x + k_{py}\boldsymbol{e}_y + k_{pz}\boldsymbol{e}_z \\ \boldsymbol{k}_s = k_{sx}\boldsymbol{e}_x + k_{sy}\boldsymbol{e}_y + k_{sz}\boldsymbol{e}_z \\ \boldsymbol{k}_a = k_{ax}\boldsymbol{e}_x + k_{ay}\boldsymbol{e}_y + k_{az}\boldsymbol{e}_z \end{cases} \tag{3.20}$$

$$\begin{cases} k_p = w/V_p \\ k_s = w/V_s \\ k_a = w/V_a \end{cases} \tag{3.21}$$

式中，A_1 为波函数 Φ_1 的振幅；$\boldsymbol{k}_a$ 为纵波在煤层气中传播的波矢量；A_2 为波函数 Φ_2 的振幅；$\boldsymbol{k}_p$ 为纵波在煤体中传播的波矢量；B_2 为波函数 Ψ_2 的振幅；$\boldsymbol{k}_s$ 为纵波在煤体中传播的波矢量；w 为弹性体（煤体）旋度。

直角坐标系煤体中位移与波函数的关系：

$$\begin{cases} u_x = \dfrac{\partial \Phi_2}{\partial x} + \dfrac{\partial \Psi_{2z}}{\partial y} - \dfrac{\partial \Psi_{2y}}{\partial z} = -jk_p\Phi_2\cos\alpha - jk_s(\Psi_{2z}\cos\beta_1 - \Psi_{2y}\cos\gamma_1) \\[2mm] u_y = \dfrac{\partial \Phi_2}{\partial y} + \dfrac{\partial \Psi_{2x}}{\partial z} - \dfrac{\partial \Psi_{2z}}{\partial x} = -jk_p\Phi_2\cos\beta - jk_s(\Psi_{2x}\cos\gamma_1 - \Psi_{2z}\cos\alpha_1) \\[2mm] u_z = \dfrac{\partial \Phi_2}{\partial z} + \dfrac{\partial \Psi_{2y}}{\partial x} - \dfrac{\partial \Psi_{2x}}{\partial y} = -jk_p\Phi_2\cos\gamma - jk_s(\Psi_{2y}\cos\alpha_1 - \Psi_{2x}\cos\beta_1) \end{cases}$$

$$\tag{3.22}$$

式中，u_x、u_y、u_z 为 x、y、z 方向的位移；α、β、γ 为 k_p 与 x、y、z 方向的夹角；α_1、β_1、γ_1 为 k_s 与 x、y、z 方向的夹角。

直角坐标系煤体中六个应力分量与波函数的关系：

$$\begin{cases} \sigma_x = \lambda \nabla^2\Phi_2 + 2G\left(\dfrac{\partial^2\Phi_2}{\partial x^2} + \dfrac{\partial^2\Psi_{2z}}{\partial x\partial y} - \dfrac{\partial^2\Psi_{2y}}{\partial x\partial z}\right) \\[3mm] \sigma_y = \lambda \nabla^2\Phi_2 + 2G\left(\dfrac{\partial^2\Phi_2}{\partial y^2} + \dfrac{\partial^2\Psi_{2x}}{\partial y\partial z} - \dfrac{\partial^2\Psi_{2z}}{\partial x\partial y}\right) \\[3mm] \sigma_z = \lambda \nabla^2\Phi_2 + 2G\left(\dfrac{\partial^2\Phi_2}{\partial z^2} + \dfrac{\partial^2\Psi_{2y}}{\partial x\partial z} - \dfrac{\partial^2\Psi_{2x}}{\partial y\partial z}\right) \\[3mm] \tau_{xy} = G\left(2\dfrac{\partial^2\Phi_2}{\partial x\partial y} + \dfrac{\partial^2\Psi_{2z}}{\partial y^2} - \dfrac{\partial^2\Psi_{2z}}{\partial x^2} + \dfrac{\partial^2\Psi_{2x}}{\partial x\partial z} - \dfrac{\partial^2\Psi_{2y}}{\partial y\partial z}\right) \\[3mm] \tau_{yz} = G\left(2\dfrac{\partial^2\Phi_2}{\partial y\partial z} + \dfrac{\partial^2\Psi_{2x}}{\partial z^2} - \dfrac{\partial^2\Psi_{2x}}{\partial y^2} + \dfrac{\partial^2\Psi_{2y}}{\partial x\partial y} - \dfrac{\partial^2\Psi_{2z}}{\partial x\partial z}\right) \\[3mm] \tau_{zx} = G\left(2\dfrac{\partial^2\Phi_2}{\partial x\partial z} + \dfrac{\partial^2\Psi_{2y}}{\partial x^2} - \dfrac{\partial^2\Psi_{2y}}{\partial z^2} + \dfrac{\partial^2\Psi_{2z}}{\partial y\partial z} - \dfrac{\partial^2\Psi_{2x}}{\partial x\partial y}\right) \end{cases} \tag{3.23}$$

式中，λ 为拉梅系数；G 为剪切模量。

直角坐标系煤层气中位移、正应力分量与波函数的关系，将式（3.22）、（3.23）中的 Φ_2 用 Φ_1 替代，且 $\Psi_2 = 0$ 可得。

图 3.2 中，平面波沿 y 轴传播，纵波传播方向为 y 轴，则式（3.22）中的 $\alpha = 90°$，$\beta = 0°$，$\gamma = 90°$。横波传播方向为 z 轴，则式（3.22）中的 $\alpha_1 = 90°$，$\beta_1 = 90°$，$\gamma_1 = 0°$。则式（3.22）中 u_x、u_y 与式（3.23）中 σ_y、τ_{yz} 可化简为

$$\begin{cases} u_x = -\mathrm{j}k_{sz}B_2\mathrm{e}^{\mathrm{j}(\omega t - k_{sz}z)} \\ u_y = -\mathrm{j}k_{py}A_2\mathrm{e}^{\mathrm{j}(\omega t - k_{py}y)} \end{cases} \tag{3.24}$$

$$\begin{cases} \sigma_y = -\lambda k_{py}^2 A_2\mathrm{e}^{\mathrm{j}(\omega t - k_{py}y)} \\ \tau_{yz} = -Gk_{sz}^2 B_2\mathrm{e}^{\mathrm{j}(\omega t - k_{sz}z)} \end{cases} \tag{3.25}$$

从式（3.24）和式（3.25）中可以看出，位移和应力受声波频率、波速、振幅、煤体力学参数的影响。式（3.24）和式（3.25）中参数取值如表 3.1 所示，不同频率的声波在煤体中传播 u_x、u_y、σ_y、τ_{yz} 的变化规律如图 3.3～图 3.6 所示。从图 3.3～图 3.4 中可以看出：平面波沿 y 轴传播时，将产生 y 方向的压缩与拉伸和 x、z 方向的剪切，其位移 u_y、u_x 与传播距离呈指数衰减，频率越大，孔壁周边煤体产生的变形就最大，但衰减得较快。从图 3.5～图 3.6 中可以看出：平面波沿 y 轴传播时，纵波产生 y 方向的压应力与拉力，横波产生剪应力，其应力 σ_y 和剪应力 τ_{yz} 与传播距离呈指数衰减，频率越大，孔壁周边煤体的应力与剪应力就越大。

表 3.1　平面波在煤层中传播参数取值（不同频率）

w/kHz	A_2/μm	$B2$/μm	t/s	V_{py}/m·s^{-1}	V_{sz}/m·s^{-1}	λ/MPa	G/MPa
10	0.2	0.1	0.0001	500	400	410	250
15	0.2	0.1	0.0001	500	400	410	250
20	0.2	0.1	0.0001	500	400	410	250

式（3.24）和式（3.25）中参数取值如表 3.2 所示，不同振幅的声波在煤体中传播 u_x、u_y、σ_y、τ_{yz} 的变化规律如图 3.7～图 3.10 所示。从图 3.7～图 3.8 中可以看出：平面波沿 y 轴传播时，将产生 y 方向的压缩与拉伸和 x、z 方向的剪切；其位移 u_y、u_x 与传播距离呈指数衰减，振幅越大，孔壁周边煤体产生的变形就最大。从图 3.9～图 3.10 中可以看出：平面波沿 y 轴传播时，纵波产生 y 方向的压应力与拉力，横波产生剪应力，其应力 σ_y 和剪应力 τ_{yz} 与传播距离呈指数衰减，振幅越大，孔壁周边煤体的应力与剪应力就越大。

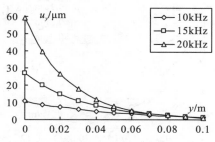

图 3.3 位移 u_y 的衰减规律(不同频率)

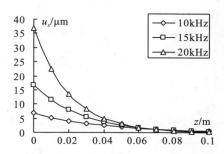

图 3.4 位移 u_x 的衰减规律(不同频率)

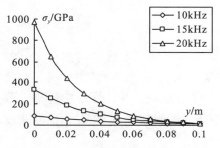

图 3.5 应力 σ_y 的衰减规律(不同频率)

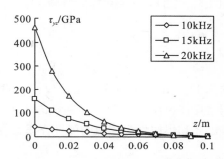

图 3.6 剪应力 τ_{yz} 的衰减规律(不同频率)

表 3.2 平面波在煤层中传播参数取值(不同振幅)

w/kHz	A_2/μm	B_2/μm	t/s	V_{py} /m·s⁻¹	V_{sz} /m·s⁻¹	λ/MPa	G/MPa
10	0.2	0.1	0.0001	500	400	410	250
10	0.4	0.2	0.0001	500	400	410	250
10	0.6	0.3	0.0001	500	400	410	250

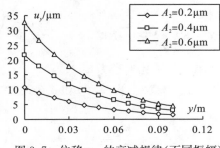

图 3.7 位移 u_y 的衰减规律(不同振幅)

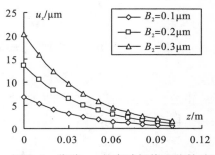

图 3.8 位移 u_x 的衰减规律(不同振幅)

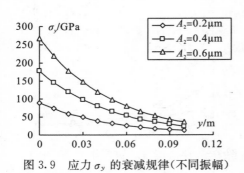

图 3.9　应力 σ_y 的衰减规律(不同振幅)

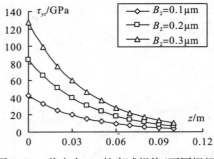

图 3.10　剪应力 τ_{yz} 的衰减规律(不同振幅)

2)柱面波求解

假设在煤层气抽采中,对于地面钻孔和穿层钻孔抽采实施声震法技术,如图 3.11 所示,声源置于孔底 O 点,发射波的类型为柱面波,声源工作时使钻孔周边煤体与煤层气产生周期性的压力,使其做强迫振动,并在煤层中传播。假设煤体和煤层气为理想的弹性介质,在煤体中传播的纵波速度为 V_p、横波速度

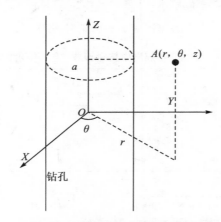

图 3.11　地面和穿层钻孔抽采煤层气实施声震法技术

为 V_s,在煤层气中传播的纵波速度为 V_a,煤层抽采钻孔半径为 a。

声波在煤体和煤层气中传播的波动方程为式(3.7)、式(3.9)和式(3.13),在柱坐标系中可表示为

$$\begin{cases} \dfrac{1}{V_p^2}\dfrac{\partial^2 \Phi_2}{\partial t^2} = \dfrac{1}{r}\dfrac{\partial}{\partial r}\left(r\dfrac{\partial \Phi_2}{\partial r}\right)+\dfrac{1}{r^2}\dfrac{\partial^2 \Phi_2}{\partial \theta^2}+\dfrac{\partial^2 \Phi_2}{\partial z^2} \\[2mm] \dfrac{1}{V_s^2}\dfrac{\partial^2 \Psi_2}{\partial t^2} = \dfrac{1}{r}\dfrac{\partial}{\partial r}\left(r\dfrac{\partial \Psi_2}{\partial r}\right)+\dfrac{1}{r^2}\dfrac{\partial^2 \Psi_2}{\partial \theta^2}+\dfrac{\partial^2 \Psi_2}{\partial z^2} \\[2mm] \dfrac{1}{V_a^2}\dfrac{\partial^2 \Phi_1}{\partial t^2} = \dfrac{1}{r}\dfrac{\partial}{\partial r}\left(r\dfrac{\partial \Phi_1}{\partial r}\right)+\dfrac{1}{r^2}\dfrac{\partial^2 \Phi_1}{\partial \theta^2}+\dfrac{\partial^2 \Phi_1}{\partial z^2} \end{cases} \quad (3.26)$$

式中，V_p 为煤体中的纵波速度；V_s 为煤体中的横波速度；V_a 为煤层气中的纵波速度；t 为时间；r 为半径；Φ_2、Ψ_2 为势函数（煤体）；Φ_1 为势函数（煤层气）。

对于轴对称情况，沿 θ 方向的位移 $u_\theta = 0$，即式（3.26）中 $\dfrac{\partial \Phi_2}{\partial \theta} = \dfrac{\partial \Psi_2}{\partial \theta} = \dfrac{\partial \Phi_1}{\partial \theta} = 0$，则式（3.26）可以表达为

$$
\begin{cases}
\dfrac{1}{V_p^2}\dfrac{\partial^2 \Phi_2}{\partial t^2} = \dfrac{1}{r}\dfrac{\partial}{\partial r}\left(r\dfrac{\partial \Phi_2}{\partial r}\right) + \dfrac{\partial^2 \Phi_2}{\partial z^2} \\[3mm]
\dfrac{1}{V_s^2}\dfrac{\partial^2 \Psi_2}{\partial t^2} = \dfrac{1}{r}\dfrac{\partial}{\partial r}\left(r\dfrac{\partial \Psi_2}{\partial r}\right) + \dfrac{\partial^2 \Psi_2}{\partial z^2} \\[3mm]
\dfrac{1}{V_a^2}\dfrac{\partial^2 \Phi_1}{\partial t^2} = \dfrac{1}{r}\dfrac{\partial}{\partial r}\left(r\dfrac{\partial \Phi_1}{\partial r}\right) + \dfrac{\partial^2 \Phi_1}{\partial z^2}
\end{cases}
\tag{3.27}
$$

煤储层为无限介质（相当于 $r \to \infty$），式（3.27）可以采用分离变量法求解[93]，其通解为

$$
\begin{cases}
\Phi_2(r,z,t) = C_2 \mathrm{e}^{\mathrm{j}(ut - k_{zp}z)} \sqrt{\dfrac{2}{\pi k_{rp} r}}\, \mathrm{e}^{-\mathrm{j}(k_{rp}r - \pi/4)} \\[3mm]
\Psi_2(r,z,t) = D_2 \mathrm{e}^{\mathrm{j}(ut - k_{zs}z)} \sqrt{\dfrac{2}{\pi k_{rs} r}}\, \mathrm{e}^{-\mathrm{j}(k_{rs}r - \pi/4)} \\[3mm]
\Phi_1(r,z,t) = C_1 \mathrm{e}^{\mathrm{j}(ut - k_{za}z)} \sqrt{\dfrac{2}{\pi k_{ra} r}}\, \mathrm{e}^{-\mathrm{j}(k_{ra}r - \pi/4)}
\end{cases}
\tag{3.28}
$$

式中，C_1 为波函数 Φ_1 的振幅；k_{ra} 为纵波在煤层气中沿径向 r 方向传播的波数；k_{za} 为纵波在煤层气中沿 z 方向传播的波数；C_2 为波函数 Φ_2 的振幅；k_{rp} 为纵波在煤层中沿径向 r 方向传播的波数；k_{zp} 为纵波在煤层中沿 z 方向传播的波数；D_2 为波函数 Ψ_2 的振幅；k_{rs} 为横波在煤层中沿径向 r 方向传播的波数；k_{zs} 为横波在煤层气中沿 z 方向传播的波数。

柱坐标系煤体中位移与波函数的关系：

$$
\begin{cases}
u_r = \dfrac{\partial \Phi_2}{\partial r} + \dfrac{\partial^2 \Psi_2}{\partial r \partial z} \\[3mm]
u_z = \dfrac{\partial \Phi_2}{\partial z} - \dfrac{1}{r}\dfrac{\partial}{\partial r}\left(r\dfrac{\partial \Psi_2}{\partial r}\right)
\end{cases}
\tag{3.29}
$$

式中，u_r 为径向位移；u_z 为 z 方向位移。

柱坐标系煤体中应力分量与波函数的关系：

$$
\begin{cases}
\sigma_r = \lambda\left(\dfrac{1}{r}\dfrac{\partial \Phi_2}{\partial r} + \dfrac{\partial^2 \Phi_2}{\partial r^2} + \dfrac{\partial^2 \Phi_2}{\partial z^2}\right) + 2G\dfrac{\partial}{\partial r}\left(\dfrac{\partial \Phi_2}{\partial r} + \dfrac{\partial^2 \Psi_2}{\partial r \partial z}\right) \\[3mm]
\sigma_z = \lambda\left(\dfrac{1}{r}\dfrac{\partial \Phi_2}{\partial r} + \dfrac{\partial^2 \Phi_2}{\partial r^2} + \dfrac{\partial^2 \Phi_2}{\partial z^2}\right) + 2G\dfrac{\partial}{\partial z}\left[\dfrac{\partial \Phi_2}{\partial z} - \dfrac{1}{r}\dfrac{\partial}{\partial r}\left(r\dfrac{\partial \Psi_2}{\partial r}\right)\right] \\[3mm]
\tau_{rz} = G\dfrac{\partial}{\partial r}\left(2\dfrac{\partial \Phi_2}{\partial z} + \dfrac{\partial^2 \Psi_2}{\partial z^2} - \dfrac{\partial^2 \Psi_2}{\partial r^2} - \dfrac{1}{r}\dfrac{\partial \Psi_2}{\partial r}\right)
\end{cases}
$$

$$\tag{3.30}$$

式中，σ_r 为径向应力；σ_z 为 z 方向应力；τ_{rz} 为剪应力。

柱坐标系煤层气中位移、正应力分量与波函数的关系，将式(3.29)、式(3.30)中的 Φ_2 用 Φ_1 替代且 $\Psi_2 = 0$ 可得。

在煤储层中径向位移 u_r 在 $z = 0$ 截面上，求偏微分可得

$$u_r = \frac{1}{\sqrt{8}} e^{j\omega t} \left[C_2 \left(\frac{1}{\pi k_{rp} r} \right)^{-1/2} e^{-j(k_{rp} r - \pi/4)} - D_2 j k_{zs} \left(\frac{1}{\pi k_{rs} r} \right)^{-1/2} e^{-j(k_{rs} r - \pi/4)} \right]$$
$$+ e^{j\omega t} \left[D_2 j^2 k_{zs} k_{rs} \left(\frac{2}{\pi k_{rs} r} \right)^{1/2} e^{-j(k_{rs} r - \pi/4)} - C_2 j k_{rp} \left(\frac{2}{\pi k_{rp} r} \right)^{1/2} e^{-j(k_{rp} r - \pi/4)} \right]$$

$$(3.31)$$

柱面波在煤层气中的传播只有纵波，其式(3.31)中第二项和第三项取 0，则为

$$u_r = \frac{1}{\sqrt{8}} e^{j\omega t} C_2 \left(\frac{1}{\pi k_{rp} r} \right)^{-1/2} e^{-j(k_{rp} r - \pi/4)} - C_2 j k_{rp} e^{j\omega t} \left(\frac{2}{\pi k_{rp} r} \right)^{1/2} e^{-j(k_{rp} r - \pi/4)}$$

$$(3.32)$$

从式(3.31)和式(3.32)中可以看出，径向位移 u_r 受声波频率、波速、振幅、等参数的影响。式(3.31)和式(3.32)中参数取值如表 3.3 所示，不同频率的声波在煤－气系统中传播产生的径向位移 u_r 的变化规律如图 3.12 所示，从图 3.12 中可以看出：柱面波沿径向传播时，将产生径向方向的压缩与拉伸，从孔壁处开始，径向位移 u_r 随 r 增大而增大，存在一个最大值(不同频率极值点位置不同)，其后径向位移 u_r 随 r 继续增大呈负指数衰减；孔壁附近，在极值点左边，径向位移 u_r 随频率增大而增大，极值点右边，径向位移 u_r 随频率增大而减小。

从式(3.31)和式(3.32)中可以看出径向位移 u_r 受声波频率、波速、振幅等参数的影响。式(3.31)和式(3.32)中参数取值如表 3.3、表 3.4 所示，不同频率、振幅的声波在煤－气系统中传播产生的径向位移 u_r 的变化规律如图 3.12、图 3.13 所示，从图中可以看出：柱面波沿径向传播时，将产生径向方向的压缩与拉伸，从孔壁处开始，径向位移 u_r 随 r 增大而减小，呈负指数衰减。随频率、振幅的增大，对孔壁附近产生的变形增大。

表 3.3　柱面波在煤层中传播参数取值(不同频率)

w/kHz	$C_2/\mu\text{m}$	$D_2/\mu\text{m}$	t/s	$V_{py}/\text{m} \cdot \text{s}^{-1}$	$V_{sz}/\text{m} \cdot \text{s}^{-1}$
10	0.2	0.1	0.0001	500	400
15	0.2	0.1	0.0001	500	400
20	0.2	0.1	0.0001	500	400

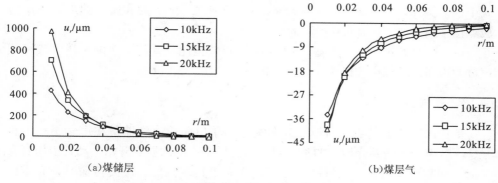

图 3.12　径向位移 u_r 的衰减规律(不同频率)

表 3.4　柱面波在煤层气中传播参数取值(不同振幅)

w/kHz	$C_2/\mu\text{m}$	$D_2/\mu\text{m}$	t/s	$V_{py}/\text{m·s}^{-1}$	$V_{sz}/\text{m·s}^{-1}$
10	0.2	0.1	0.0001	500	400
10	0.4	0.2	0.0001	500	400
10	0.6	0.3	0.0001	500	400

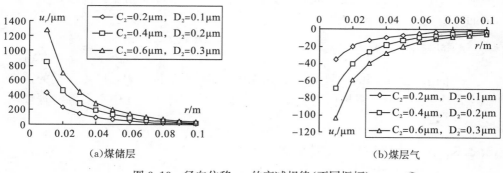

图 3.13　径向位移 u_r 的衰减规律(不同振幅)

3.2　声波在煤体中的衰减规律

3.2.1　声波的特征量

1)声压

声场中某点在某一时刻具有的压力 p_t 与没有声场存在时的静压力 p_0 之差称为声压 p ,单位为 Pa。可以表示为

$$p = \rho c w A \cos(wt - \varphi) = \rho c v \tag{3.33}$$

式中，w 为振动的角频率，$w = 2\pi f$；ρ 为介质密度；c 为介质中的声速；A 为质点位移的振幅；v 为质点振动的速度。

由上式可知声压 p 与声速 c 和角频率 w 成正比，且超声波的声压大于可闻声波的声压，可闻声波的声压大于次声波的声压。

2）声强

单位时间内通过与波的传播方向垂直的单位面积上的能量在声学中称为声强 J。当声波传播到介质中的某处时，该处原来不动的质点开始振动，因而具有动能。同时该处的介质也将产生形变，因而也具有位能。声波传播时，介质由近及远地一层接一层振动，由此可见能量是逐层传播出去的。其声强 J 表达式为

$$J = \frac{E}{St} = \frac{1}{2}\rho c w^2 A^2 = \frac{1}{2}\rho c v^2 = \frac{1}{2}\frac{p^2}{\rho c} \tag{3.34}$$

式中，E 为能量；S 为面积；t 为时间。

从式(3.34)可知，当其他条件相同时，声强 J 与振幅 A 的平方和振动的角频率 w 的平方成正比，也与声压 p 的平方成正比。由式(3.34)可以看出要改变声强的大小可以通过改变声波频率、发射脉冲幅度、介质密度、波速来改变声强的大小。

3）声阻抗

ρc 的乘积为介质的声阻抗。在相同声压下，声阻抗越大，质点振动的速度越小，反之亦然。声阻抗反应了介质的声学性质，它是声场中重要的物理性质之一。

3.2.2　声波的衰减与衰减系数

1）声波在多孔介质中的衰减

声波在介质中传播时，随着传播距离的增加，其能量逐渐减弱，这种现象叫作声波的衰减。从理论上讲，主要有三种原因引起声波的衰减[95]。

(1)由声束扩散引起的声波衰减。声波在传播过程中，由于声束的扩散能量逐渐分散，从而使单位面积内声波的能量随传播距离的增加而减弱。声波的声压和声强随至声源距离的增加而减弱，这种衰减称为扩散衰减。

(2)由散射引起的声波衰减。当声波在其传播过程中遇到不同声阻抗介质所组成的界面时，就将产生散射，从而损耗了声波的能量，被散射的超声波在介质中沿着复杂路径传播下去，最终变成热能，这种衰减叫做散射衰减。

(3)由介质吸收引起的声波衰减。声波在介质中传播时，由于介质的黏滞性

而造成质点之间的内摩擦，从而使一部分声能转变为热能；同时，由于介质的热传导，介质的稠密和稀疏部分之间进行热交接，从而导致声能的损耗，由于介质的吸收引起声波的衰减叫做黏滞衰减。

（4）衰减系数。声波由以上三种原因引起的衰减，其扩散衰减仅决定于波的几何形状而与传播介质的性质无关。例如：球面波的声强 J 与至声源距离 l^2 成反比，即 $J \propto 1/l^2$；柱面波的声强 J 与至声源距离 l 的关系为 $J \propto l$。其余两种衰减可表示为

$$J = J_0 \mathrm{e}^{-2\psi l} \tag{3.35}$$

式中，J_0 为初始声强，$W \cdot cm^{-2}$；l 为传播距离，cm；ψ 为衰减系数，cm^{-1}，$\psi = \psi_s + \psi_a$，ψ_a 为散射衰减系数，ψ_s 为黏滞衰减系数。

衰减系数 ψ 与声波的频率、传播速度有关，也与介质的黏滞系数、导热性、不均匀性和晶粒大小等因素有关。黏滞衰减系数 ψ_s 和散射衰减系数 ψ_a 可表示为

$$\psi_s = C_1 f \tag{3.36}$$

式中，C_1 为与晶粒大小和各向异性无关的常数；f 为声波频率。

散射衰减系数 ψ_a 按晶粒大小与波长之比可分为

$$\begin{cases} \lambda \gg d & \psi_a = C_2 F d^3 f^4 \\ \lambda \approx d & \psi_a = C_3 F d f^2 \\ \lambda \ll d & \psi_a = C_4 F/d \end{cases} \tag{3.37}$$

式中，C_2、C_3、C_4 为常数；λ 为波长；F 为各向异性因数；d 为晶粒直径。

2）声波在多孔介质中传播的衰减系数

利用自主研发的智能超声波发生器，利用发射换能器和接收换能器，可以对声波在多孔介质中传播的衰减系数进行测试。因声震法强化煤层气增渗，其超声波或声波将在煤层、煤层顶板和底板组成的复合岩层中传播，实验测试了超声波在砂岩、泥岩、煤层中传播的衰减系数。测试方法如图 3.14 所示。测试用的收、发换能器频率为 27.7kHz，用示波器测试输入端与输出端的电压，实验试件长度为 20~200mm 的圆柱形试件，测试结果如图 3.15~图 3.17 所示。

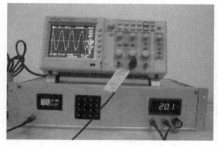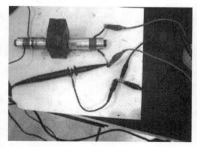

图 3.14　煤岩衰减系数测试

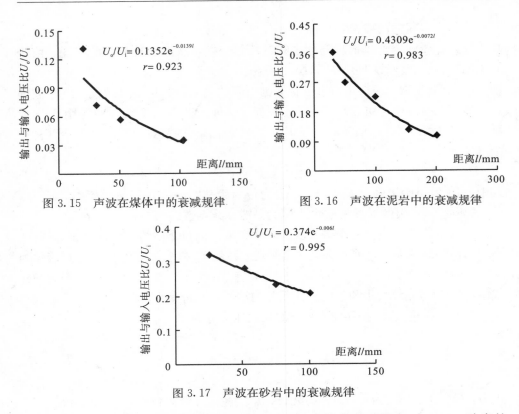

图 3.15   声波在煤体中的衰减规律   图 3.16   声波在泥岩中的衰减规律

图 3.17   声波在砂岩中的衰减规律

从图中可以看出：煤的衰减系数为 0.00695，泥岩的衰减系数为 0.0036，砂岩的衰减系数为 0.0030，实验表明，煤比较松软，致密性差，强度低，因此衰减系数较大。输出电压与输入电压比值与试件长度呈负指数函数关系，其指数的 1/2 为衰减系数。

文献 [96] 分析了爆破应力波在岩体中的衰减其衰减指数 ψ 可表示为

$$\psi = 2 - \frac{\mu}{1-\mu} \tag{3.38}$$

式中，μ 为泊松比。

3）声波在带圆柱孔岩石中传播特性

声波在带圆柱孔岩石中传播试件加工图如图 3.18 所示，试件实物图如图 3.19 所示。试件为立方体，长、宽、高为 100mm×100mm×100mm，在试件中加工了 3 个相同的圆柱孔，且 3 个圆柱孔在同一条直线上，孔直径为 20mm，孔深 50mm，均匀分布，试件表面光滑、平整。

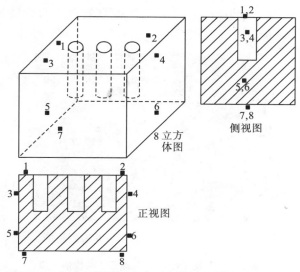

图 3.18　声波在带圆柱孔岩石中传播试件加工与测试图

探头 1、2 测试横波穿孔速度；探头 3、4 测试纵波穿孔速度；
探头 5、6 测试纵波未穿孔速度；探头 7、8 测试横波未穿孔速度

图 3.19　声波在带圆柱孔岩石中传播试件实物图

　　采用美国 PAC 公司生产的 8CHS PCI-2System 声发射系统（图 3.20）测试声波在未穿圆柱孔、圆柱孔充填（孔充填材料为细砂，粒径小于 1mm，充填密实）、穿圆柱孔中的纵波速度、横波速度，实验用黄油作耦合剂，探头发射端发出的信号数设置为 5 个，每个信号间隔 100ms，每个信号持续时间为 5μs。实验中测试声波在岩石中传播的时间差和两个测点之间的距离，则可以计算波在岩石中传播的速度，其横波波速测定探头布置在同一个平面上，并且在一条垂直于试件轮廓线的直线上。纵波波速测定探头布置在两个对称面上。实验岩性为砂岩、泥岩，其波速测定结果如表 3.5 所示，从表中可以看出：相同条件下，纵波、横波在砂岩中的传播速度最大，说明岩性致密，波速越大；相同岩性条件下，不论是纵波与横波，在未穿圆柱孔的岩石中传播速度最大、圆柱孔充填的速度

次之、穿圆柱孔的速度最小。实验表明，声波在岩石中的传播速度与岩性、结构面充填情况等密切相关。

图 3.20　8CHS PCI-2System 声发射系统

表 3.5　声波在带圆柱孔岩石中的传播速度

试件类型	砂岩		泥岩	
	纵波速度 $V_p/(\mathrm{m \cdot s^{-1}})$	横波速度 $V_s/(\mathrm{m \cdot s^{-1}})$	纵波速度 $V_p/(\mathrm{m \cdot s^{-1}})$	横波速度 $V_s/(\mathrm{m \cdot s^{-1}})$
未穿圆柱孔	2488.37	1520.72	2305.33	1127.02
圆柱孔充填	1813.56	1344.11	956.12	685.88
穿圆柱孔	1798.32	1122.78	530.99	489.33

3.3　本章小结

　　根据前人建立的声波在固体和气体中传播的波动方程，设想在煤层气抽采中实施声震法技术，分析了声波机械振动对煤－气系统产生的压缩、拉伸与剪切作用，声波在煤－气系统中传播时产生的位移、应力与传播距离的关系。分析得出：位移、应力受声波频率、波速、振幅、煤体力学参数的影响，声震作用将使钻孔周边煤－气系统产生变形，有助于煤层气解吸、扩散，提高煤储层渗透率。

第4章 不加声场和加声场作用下甲烷吸附解吸特性及模型

煤是一种包含微孔和大孔的双重孔隙介质，微孔存在于煤基质部分，大孔系统由包围煤基质被称为割理系统的天然裂隙网络组成。煤具有极其发育的微孔系，有很大的比表面积，煤层气主要以吸附形态赋存在煤体的孔隙和裂隙表面。国内外许多学者研究了煤的物理化学结构、变质程度、灰分与水分、气体压力、温度、直流电、交流电等因素对甲烷气的吸附/解吸特性的影响。但在声场作用下煤层气吸附/解吸特性国内外研究很少，本章将实验研究不加声场和加声场作用下煤中甲烷气的吸附/解吸特性，揭示利用声震法降低煤对甲烷气的吸附量，促进甲烷气解吸、扩散的机理。

4.1 实验煤样工业分析

本书实验研究了三种煤样的吸附、解吸、渗流特性，标记为 SAM1、SAM2 和 SAM3。SAM1 取自重庆能投集团南桐矿业有限责任公司南桐煤矿，煤质为无烟煤，取样点的煤层开采深度为 500m，最大瓦斯压力为 3.1MPa。SAM2 取自重庆能投集团松藻煤电有限责任公司松藻煤矿 K_3 煤层，煤质为无烟煤，该煤层结构疏松、破碎，具有煤与瓦斯突出危险性。SAM3 取自重庆天府矿业有限责任公司三汇一矿，煤质为贫煤，将取回的煤样破碎，加工成粒径小于 13mm 的煤粒，然后筛取 40~60 目的煤粉，存于磨口试样瓶中存放。

煤样工业分析采用全自动工业分析仪，如图 4.1 所示，该设备高度自动化，测试精度高，效率快，采用进口整体炉膛和电子天平。气体要求：氧气纯度为 99.5%，减压后压力 0.1MPa，氮气纯度为 99.5%，减压后压力 0.1MPa，减压器高端 0~25MPa、低端 0~0.4MPa，可以测试煤的水分、灰分、挥发分三种指标。

实验煤样 SAM1、SAM2 和 SAM3 的水分、灰分、挥发分、固定碳含量参数如表 4.1、表 4.2、表 4.3 所示。

图 4.1　全自动工业分析仪

表 4.1　SAM1 工业分析结果

样品编号	水分(Mad)/%	灰分(Aad)/%	挥发分(Vad)/%	固定碳(Fcad)/%
SAM1-1	2.54	14.43	17.72	69.13
SAM1-2	1.79	11.61	18.12	63.18
SAM1-3	1.88	12.96	20.23	66.41
平均值	2.07	13.00	18.69	66.24

表 4.2　SAM2 工业分析结果

样品编号	水分(Mad)/%	灰分(Aad)/%	挥发分(Vad)/%	固定碳(Fcad)/%
SAM2-1	2.57	28.50	10.22	58.71
SAM2-2	2.96	40.01	10.61	46.42
SAM2-3	2.66	27.18	10.80	59.36
平均值	2.73	31.90	10.54	54.83

表 4.3　SAM3 工业分析结果

样品编号	水分(Mad)/%	灰分(Aad)/%	挥发分(Vad)/%	固定碳(Fcad)/%
SAM3-1	1.12	10.60	19.94	54.12
SAM3-2	1.35	11.61	20.90	56.33
SAM3-3	1.18	11.06	21.90	55.28
平均值	1.22	11.09	20.91	55.20

4.2　煤体的微观孔隙结构

4.2.1　煤微观孔隙结构研究方法

煤微观孔隙结构研究内容包括孔隙大小、形态、结构、类型、孔隙度、孔容、比表面积等。目前，学者们多采用扫描电子显微镜（scanning electron microscope）（简称扫描电镜或 SME）、全自动比表面积及微孔分析仪、压汞仪、小角 X 射线散射仪研究煤中孔隙大小、形态及结构，四种设备具有各自的优点，具体如下：

1）扫描电镜

扫描电镜的制造依据是电子与物质的相互作用，利用电子和物质的相互作用，可以获取煤岩的各种物理、化学性质的信息，如形貌、元素定性定量分析、元素线分布、面分布测量、孔隙大小、裂隙宽度等。SEM 方法又受到分辨率的限制和其他缺陷影响，难以观测到煤的纳米级孔隙。

2）全自动比表面积及微孔分析仪

全自动比表面积及微孔分析仪借助于气体吸附原理，可进行等温吸附和脱附分析，分析煤岩微孔、小孔、中孔、大孔所占的比表面积和孔体积分布。孔径测量范围为 $3.5\sim5000\text{Å}$，比表面积低至 $0.0001\text{m}^2 \cdot \text{g}^{-1}$，微孔区段的分辨率为 0.2Å，孔体积的最小检测值为 $0.0001\text{cm}^3 \cdot \text{g}^{-1}$。仪器软件包含了所有的数据处理方法：单点和多点 BET 比表面积，Langmuir 比表面积，Temkin and Freundlich 等温线分析，多种厚度层公式计算的 BJH 中孔和大孔的孔体积、孔面积对孔径的分布，孔体积和用户指定孔径范围内的总孔体积，MP 法的微孔孔径分布和 t-plots、αs-plots 得到的微孔总孔体积。该设备的不足之处：低于 3.5Å 的孔径不能检测，没有配备其他吸附气体，只能进行液氮吸附。

3）压汞仪

1921 年，Washburn 提出了多孔固体的结构特性可以通过把非浸润的液体压入其孔中的方法来分析的观点，这个概念成为压汞法测孔仪的理论基础。压汞法能测量煤岩的中孔、大孔分布以及孔容、比表面积、孔隙率等，压力可达到 60 000psi（145psi＝1MPa），孔分布测定范围为 $0.0064\sim950\mu\text{m}$，可实现从真空到 33 000psi 可连续或步进加压，进行一个高压样品分析和两个低压样品分析，其 Windows 兼容软件不仅可以计算孔径大小还可计算其他孔结构参数。该仪器的不足之处是不能测定煤岩的微孔结构。

4)小角 X 射线散射仪

小角 X 射线散射用于研究 $0.2\sim200$nm 结构的无损方法，可表征纳米颗粒或孔的大小及形状，仪器的 X 射线衍射功能可分析煤岩中矿物的组成、结构、同质异构现象、包裹体、晶粒大小、内部应力、晶粒取向等。在分析颗粒的大小和形状方面，SAXS 与显微镜不同，它不是对某几个颗粒或孔隙的分析测量，而是对无数个颗粒或孔隙的统计性测量，可以进行全貌性的观测，能够更客观地反映材料的总体结构特性。SAXS 也与激光粒度仪不同，它可以不顾颗粒是否团聚到一起，总能得到颗粒的大小分布。用扫描电镜表征则要求材料导电，否则材料表面需要做喷金处理，而喷金处理对材料的微观信息有所掩盖，不利于微粒分析。SAXS 则可以直接对材料进行表征，最大限度地反映了材料的真实状态。

新型的 SAXS 仪器可以集小角 X 射线散射（2θ 角$<0.01°\sim10°$）、广角 X 射线散射（2θ 角$>10°$，最高可达 $78°$）、X 射线衍射（$0.1°\sim160°$，即 XRD），甚至表面掠入射 SAXS(GI-SAXS)为一体，分析数据从 1 维扩展到 2 维，分析样品不仅局限于粉体，也可以是块体、液体和薄膜等。

4.2.2　煤孔隙结构的分类

苏联学者 Ходот В. В 在 1961 年出版的《煤与瓦斯突出》一书中，按空间尺度将煤中孔隙划分为微孔（$<0.01\mu m$）、小孔（$0.01\sim0.1\mu m$）、中孔（$0.1\sim1\mu m$）、大孔（$>1\mu m$），Ходот В. В 对煤的孔径结构划分是在工业吸附剂的基础上提出的，主要依据孔径与气体分子的相互作用特征，认为气体在大孔中主要以层流和紊流方式渗透，在微孔中以毛细管凝结、物理吸附及扩散现象等方式存在。1966 年 Dubinin 等人将孔隙划分为微孔（$10\mu m$）、过渡孔（$10\sim20\mu m$）和大孔（$>20\mu m$）。Gan 等人划分为微孔（$<1.2\mu m$）、过渡孔（$1.2\sim30\mu m$）、粗孔（$>30\mu m$）。1990 年焦作矿业学院对煤的孔径分类为超微孔（<10Å）、微孔（$10\sim15$ Å）、中孔（$100\sim1000$Å）、大孔（>1000Å）。1992 年俞启香对煤的孔径分类为微孔（$<10^{-5}$mm）、小孔（$10^{-5}\sim10^{-4}$mm）、中孔（$10^{-4}\sim10^{-3}$mm）、大孔（$10^{-3}\sim10^{-1}$mm）。由此可见，这些按孔隙大小的分类，其孔隙大小的差异是比较大的，煤中孔隙结构的随机性、学者研究目的、研究手段的不同和研究区域的差异，是造成分类差异的主要原因。

4.2.3　煤孔隙的成因类型

Gan 等按成因将煤的孔隙划分为分子间孔、煤植体孔、热成因孔和裂缝孔。郝琦划分的成因类型为植物组织孔、气孔、粒间孔、晶间孔、铸模孔、溶蚀孔等。张慧立足于煤的结构与构造，以煤的变质、变形特征为基础，以大量的扫描电镜观测结果为依据，将煤孔隙的成因类型划分为原生孔、变质孔、外生孔、矿物质孔。张素新等划分为植物细胞残留孔隙、基质孔隙和次生孔隙三类。这些划分有些将孔隙和裂隙一并考虑，有些在某些方面借用了砂岩储层和灰岩储层的名称。煤孔隙成因类型多，形态复杂，大小不等，各类孔隙都是在微区发育或微区连通，它们借助于裂隙而参与煤层气的渗流系统。孔隙的成因类型及发育特征是煤储层生气储气能力和渗透性能的直接反映。

4.2.4　煤体微观孔隙结构的实验研究

实验煤样为 SAM1、SAM3，煤质为无烟煤。借用扫描电镜、比表面积及微孔分析仪对实验煤样的微观孔隙结构进行实验研究。扫描电镜用的煤样为小煤块，粒径小于 2cm；比表面积及微孔径分析仪用的煤样为煤颗粒，粒径为 40～80 目。

1）扫描电镜测定结果

实验设备采用捷克 TESCAN 公司生产的 VEGA Ⅱ LMU 可变真空扫描电镜，具有"鱼眼"，高分辨，深视场三种模式，配备了 XEDS 能谱探头，如图 4.2 所示。该设备分辨率高真空 3nm（30kV）、8nm（30kV），低真空 3.5nm（30kV）。工作真空，高真空 $<9\times10^{-3}$Pa，低真空 3～500Pa。加速电压 200V～30kV，探针电流 1pA～2μA，扫描速度从 20ns/pixel～10ms/pixel，图像尺寸最大 8192×8192 像素，图像比例可选 1∶1、4∶3、2∶1。样品室 ϕ230mm，门宽 148mm，放大倍数 4～100 000。通过计算机操作 VEGA TC 软件，显微镜的功能在 WindowsTM 平台下实现。

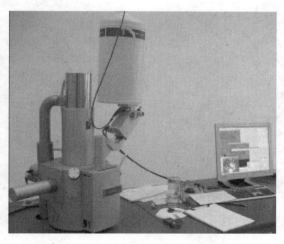

图 4.2　VEGA Ⅱ LMU 扫描电镜

通过肉眼观察煤中存在大量的割理系统，有面割理和端割理。面割理裂隙较发育、延伸远、连续性好，端割理一般连续性差，并在面割理处终止，割理将煤体切割成许多基质块体。图 4.3、图 4.5 是扫描电镜测定结果，从中可看出：煤具有极其发育的裂隙和孔隙结构，大裂隙与大量微裂隙连通，形成裂隙网络，且裂隙宽度、长度不同，大裂隙宽度在 0.1～1mm，微裂隙宽度在 10～100μm。煤基质粒径大小不同，之间存在孔隙，孔隙又可分为不同组分之间的孔隙、颗粒之间的堆积孔隙和颗粒脱落后所留下的孔隙三种类型，孔隙直径一般在 1～10μm；煤层中不仅微孔隙发育，而且还广泛发育成使煤层气流动的大孔隙和微裂隙。微孔隙是煤层气储存的场所，微裂隙是煤层气产出的通道，直接影响煤层气的解吸率和解吸速度，发育良好的微孔隙和微裂隙系统是煤层气具有好的可采性的主要条件。

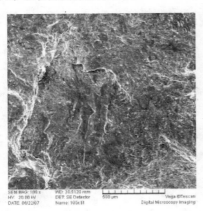

(a) 放大 100 倍

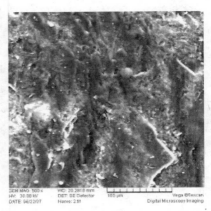

(b) 放大 500 倍

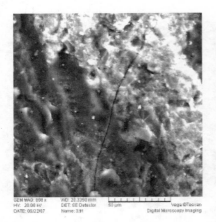

(c) 放大 1000 倍

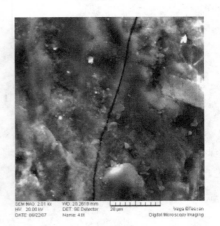

(d) 放大 2000 倍

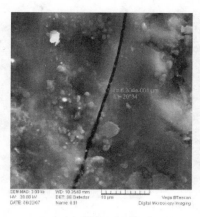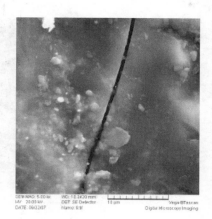

（e）放大 4000 倍　　　　　　　　　　（f）放大 5000 倍

图 4.3　SAM1 煤样裂隙与孔隙特征

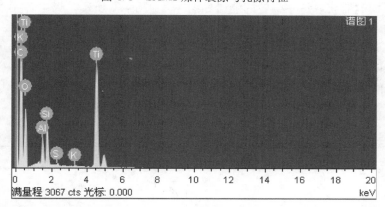

（a）测点一

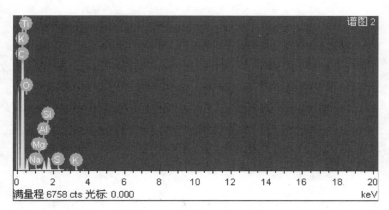

（b）测点二

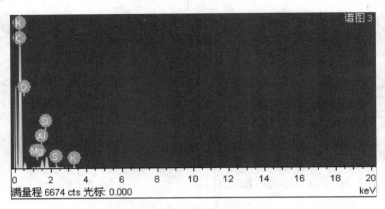

(c) 测点三

图 4.4   SAM1 煤样元素分析

　　EDS 探测器获取每一颗粒的能谱如图 4.4、图 4.6 所示，煤中各元素所占比例如表 4.4、表 4.5 所示，可以看出，煤中主要矿物为高岭石、黄铁矿、钾铝硅酸盐、石英和富硅矿物等，含有 C、O、S、AL、Si、Ca、Fe、Mg 等元素，其中 C、O 两种元素占的比例较大，矿物氧化物组成以 SiO_2、Al_2O_3、Fe_2O_3、SO_3 为主。相同煤样，不同测点各元素占的比例不同，不同煤样，各元素占的比例也不同，其矿物成分、元素也存在一定的差异。

表 4.4   SAM1 煤样元素及比例

测点一			测点二			测点三		
元素	质量/百分比	原子/百分比	元素	质量/百分比	原子/百分比	元素	质量/百分比	原子/百分比
C K	3.51	6.42	C K	31.64	42.32	C K	41.13	53.19
O K	50.26	69.12	O K	43.16	43.33	O K	34.20	33.20
Al K	3.90	3.18	Na K	1.39	0.97	Mg K	0.96	0.62
Si K	5.29	4.14	Mg K	0.84	0.55	Al K	7.96	4.58
S K	0.36	0.25	Al K	7.48	4.45	Si K	12.44	6.88
K K	0.30	0.17	Si K	12.08	6.91	S K	2.44	1.18
Ti K	36.38	16.72	S K	1.53	0.77	K K	0.87	0.35
			K K	0.86	0.36			
			Ti K	1.02	0.34			

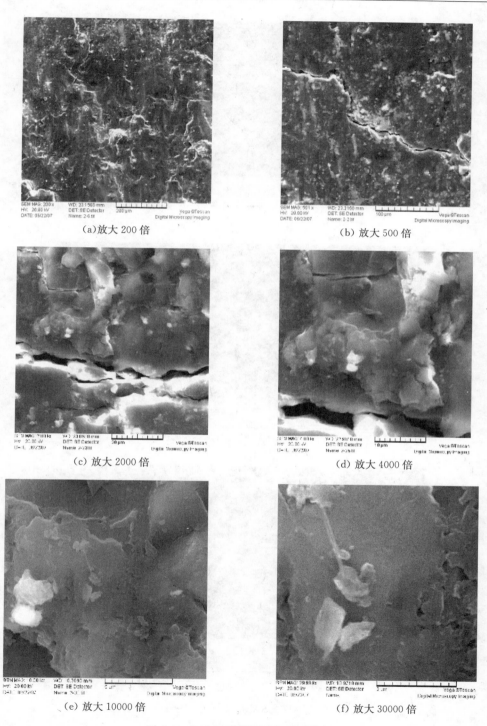

(a) 放大 200 倍　　　　　　　　　(b) 放大 500 倍

(c) 放大 2000 倍　　　　　　　　(d) 放大 4000 倍

(e) 放大 10000 倍　　　　　　　　(f) 放大 30000 倍

图 4.5　SAM3 煤样裂隙与孔隙特征

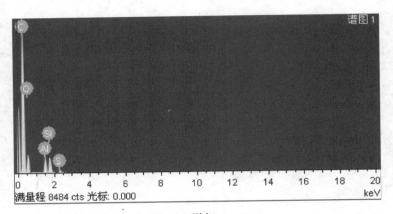

（a）测点一

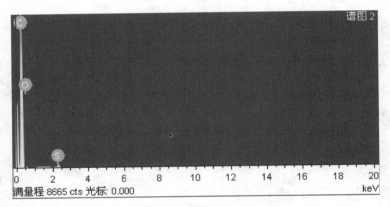

（b）测点二

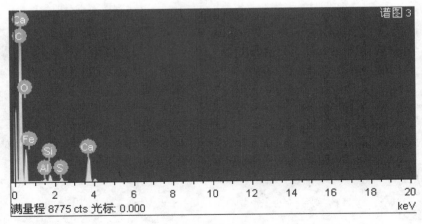

（c）测点三

图 4.6　SAM3 煤样元素分析

表 4.5　SAM3 煤样元素及比例

测点一			测点二			测点三		
元素	质量/百分比	原子/百分比	元素	质量/百分比	原子/百分比	元素	质量/百分比	原子/百分比
C K	25.57	34.72	C K	64.85	73.60	C K	25.52	28.37
O K	50.06	51.04	O K	26.85	22.87	O K	35.86	39.56
Al K	10.26	6.20	S K	8.30	3.53	Ca K	15.36	13.12
Si K	11.91	6.91				Fe K	11.38	9.24
S K	2.20	1.13				Al K	2.35	1.53
						Si K	5.25	4.2
						S K	4.28	3.98

2)低温氮吸附法测试结果

实验设备采用美国麦克仪器公司(Micromeritics)生产的 ASAP2020 全自动比表面积及微孔分析仪,如图 4.7 所示。仪器可进行单点、多点 BET 比表面积、Langmuir 比表面积、BJH 中孔、孔分布、孔大小及总孔体积和面积、密度函数理论(DFT)、吸附热及平均孔大小等的多种数据分析。比表面分析范围:$0.0001 m^2 \cdot g^{-1}$ 至无上限,孔径分析范围 $3.5 \sim 5000 Å$(N_2 吸附),微孔区段的分辨率为 $0.2 Å$,孔体积最小检测为 $0.0001\ cm^3 \cdot g^{-1}$。

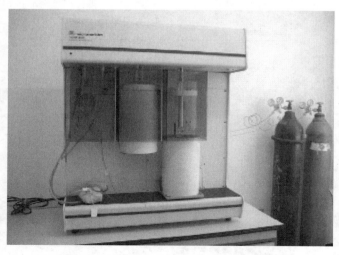

图 4.7　ASAP2020 比表面积及微孔分析仪

根据 Ходот В. В.[17]对煤的孔隙分类为依据。煤样实验结果如表 4.6、图 4.8

~图 4.15 所示。图 4.8 是煤样低压吸附 N_2 等温吸附曲线,从图中可以看出,在低压时(小于 0.1MPa)煤样对 N_2 的吸附等温线为曲线。当气压小于 0.08MPa 时,吸附量与气体压力呈线性关系;当气压大于 0.08MPa 时,吸附量随气体压力增大而增加。图 4.9 是煤样吸附 N_2 的动力学规律,从图中可以看出,低压吸附时,煤颗粒初始对 N_2 吸附速度小,随气体压力的增加,吸附速度增大。从表 4.6、图 4.10 中可以看出,煤样的区间孔容随平均孔径的增大而增大,微孔的孔容较小。从表 4.6、图 4.11、图 4.14 中可以看出,煤样的累计孔容,微孔占的体积小(占 7.70%),小孔占的体积较大(占 46.94%),中孔占的体积也较大(占 45.36%)。图 4.12 是区间比表面积与平均孔径曲线,从图中可以看出,微孔区间比表面积波动较小,小孔区间比表面积波动较大。从表 4.6、图 4.13、图 4.15 中可以看出,煤样的比表面积,微孔占的比表面积最大(占 53.95%),小孔占的比表面积次之(占 38.58%),中孔占的比表面积最小(占 7.47%),累计比表面积与平均孔径分布特性为双曲线。实验得出煤样的 BET 比表面积为 $0.5255m^2 \cdot g^{-1}$,Langmuir 比表面积为 $0.8030m^2 \cdot g^{-1}$。

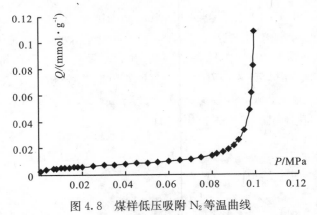

图 4.8　煤样低压吸附 N_2 等温曲线

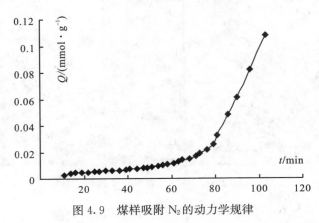

图 4.9　煤样吸附 N_2 的动力学规律

表 4.6　煤样孔径、孔容、比表面积分布情况

孔径区间 $D/\text{Å}$	平均孔径 $D_{Avg}/\text{Å}$	区间孔容 $V_i/(\text{cm}^3 \cdot \text{g}^{-1})$	累计孔容 $V_c/(\text{cm}^3 \cdot \text{g}^{-1})$	区间比表面积 $S_i/(\text{m}^2 \cdot \text{g}^{-1})$	累计比表面积 $S_c/(\text{m}^2 \cdot \text{g}^{-1})$
4188.9—1950.3	2342.4025	0.000917208	0.000917208	0.015662686	0.015662686
1950.3—1079.1	1279.4566	0.00078377	0.001700978	0.024503204	0.04016589
1079.1—732.7	840.3582	0.000472745	0.002173723	0.022502068	0.062667958
732.7—402.1	475.8534	0.000593218	0.00276694	0.049865582	0.112533541
402.1—273.4	312.8703	0.000269191	0.003036132	0.034415726	0.146949267
273.4—206.8	230.4504	0.000155064	0.003191196	0.026914951	0.173864218
206.8—166.1	181.7365	0.000102544	0.00329374	0.02256976	0.196433978
166.1—139.2	150.0610	7.22356×10^{-5}	0.003365975	0.019254981	0.215688959
139.2—116.3	125.4625	6.05741E−05	0.003426549	0.019312237	0.235001196
116.3—104.6	109.73459	3.46472E−05	0.003461196	0.012629453	0.247630649
104.6—83.8	91.6342	5.60778E−05	0.003517274	0.02447897	0.272109619
83.8—69.6	75.1901	3.77941E−05	0.003555068	0.020105898	0.292215517
69.6—59.3	63.5260	2.95687E−05	0.003584637	0.01861832	0.310833837
59.3—51.5	54.76888	1.77544E−05	0.003602391	0.012966759	0.323800596
51.5—45.3	47.91152	1.57451E−05	0.003618136	0.013145134	0.33694573
45.3—40.2	42.37608	1.48571E−05	0.003632994	0.014024015	0.350969745
40.2—35.9	37.7739	1.22208E−05	0.003645214	0.012941025	0.36391077
35.9—32.3	33.8580	1.30572E−05	0.003658272	0.015425766	0.379336535
32.3—29.1	30.4688	1.41188E−05	0.00367239	0.018535379	0.397871914
29.1—26.2	27.4629	1.03773E−05	0.003682768	0.015114636	0.41298655
26.2—23.6	24.7354	1.85185E−05	0.003701286	0.029946504	0.442933054
23.6—21.2	22.2165	1.54259E−05	0.003716712	0.027773761	0.470706815
21.2—20.2	20.6798	1.19696E−05	0.003728682	0.023152096	0.49385891
20.2—19.3	19.7424	1.02083E−05	0.00373889	0.020682994	0.514541904
19.3—18.4	18.8026	1.08859E−05	0.003749776	0.023158272	0.537700176

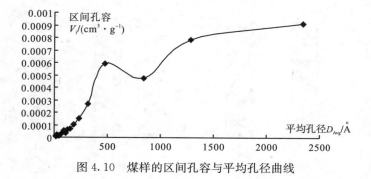

图 4.10　煤样的区间孔容与平均孔径曲线

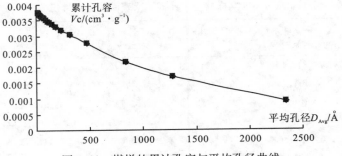

图 4.11　煤样的累计孔容与平均孔径曲线

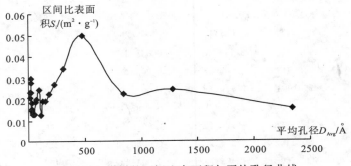

图 4.12　煤样的区间比表面积与平均孔径曲线

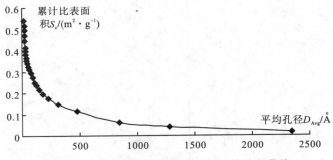

图 4.13　煤样的累计比表面积与平均孔径曲线

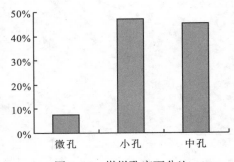

图 4.14　煤样孔容百分比

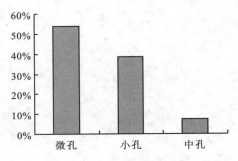

图 4.15　煤样比表面积百分比

4.3　不加声场和加声场作用下甲烷吸附特性及模型

4.3.1　吸附模型

　　煤层气的吸附机理有两种观点：一是物理吸附，二是化学吸附。物理吸附解释为吸附剂与吸附质之间的作用力，是由范德华力和静电力引起，不发生电子转移，物理吸附的吸附热很低，吸附/解吸速度快，是可逆、无选择性的过程；化学吸附解释为吸附剂与吸附质的原子间形成化学吸附键而成，吸附剂和吸附质之间发生电子转移，而化学吸附的吸附热高，吸附/解吸速度慢，是不可逆的过程。通过红外光谱实验可以很有效地从分子水平研究固体表面的吸附，当发生化学吸附时，光谱带上会因化学吸附键的定位性而出现新的特征吸收带，而物理吸附只能使原吸附分子的特征吸收带有某些位移或在强度上有所改变，但不会产生新的特征谱带。陈昌国通过现场红外光谱实验发现，在 $-100\sim30℃$ 温度范围区未观察到甲烷在煤中形成化学吸附。Moffat 等、Yang 等研究测得煤对煤层气的吸附热比汽化热低 2～3 倍，从而认为煤层中煤层气应以物理吸附方式存在，且煤对氮气、二氧化碳等的吸附与煤层气一样，都属于物理吸附。总的来说，煤对煤层气的吸附具有吸附热低，吸附、解吸速率快，吸附和解吸可逆以及无选择性等特点，属于物理吸附或以物理吸附为主的观点得到了大多数研究者的认同。

　　目前，针对不同的吸附系统和基于不同的假设，研究者提出了许多等温吸附理论模型。如 Langmuir 方程、Freundlich 方程、BET 方程、D-R 方程、D-A 方程等。

　　1）Langmuir 方程

　　1915 年，法国化学家朗格缪尔（Langmuir）在研究低压气体在金属上吸附时，根据实验数据和动力学观点，得出了单分子层吸附的状态方程，即 Langmuir 方程。其基本假设条件是：①吸附平衡是动态平衡；②固体表面是均匀的；③被吸附分子间无相互作用力；④吸附平衡仅形成单分子层。Langmuir 方程表达式为

$$Q_a = \frac{abP}{1+bP} \text{ 或 } \frac{1}{Q_a} = \frac{1}{a} + \frac{1}{abP} \tag{4.1}$$

式中，Q_a 为吸附量，$mL \cdot g^{-1}$；a 为 Langmuir 压力常数，$mL \cdot g^{-1}$；b 为 Langmuir 压力常数，MPa^{-1}；P 为气体压力，MPa。

　　式(4.1)表明 $1/Q_a$ 与 $1/P$ 为线性关系，Langmuir 吸附常数 a、Langmuir 压力常数 b 可以通过实验数据回归分析得到。a 与吸附热有关，a 越高，吸附等

温线越平缓，a 越低，吸附等温线越陡。理论上，吸附常数 a 不受温度的影响，所以，在任何温度条件下，饱和吸附量基本相同，而压力常数 b 与温度有关，随实验温度的增加而降低。

若考虑水分和温度的影响，常用修正的 Langmuir 公式表示天然煤中甲烷的吸附量

$$Q_a = \frac{abP}{1+bP} e^{n(t_0-t)} \cdot \frac{1}{1+0.31w'} \cdot \frac{100-A'-w'}{100} \tag{4.2}$$

式中，A' 为灰分；w' 为水分；t_0 为实验室测定煤的 a、b 值时的实验温度；t 为煤层温度；e 为自然对数的底数，e=2.78；n 为实验系数，它与 P 值有关。

2）Freundlich 方程

Freundlich 方程是研究多孔物质吸附气体时得出的一个经验规律，适用于液体和气体。对于气体，其表达式为

$$Q_a = K' \cdot P^{\frac{1}{m}} \tag{4.3}$$

式中，K'、m 为实验常数。

3）BET 方程

BET 方程是 1938 年 Brunauer、Emment 和 Teller 3 人在 Langmuir 单分子层吸附理论模型基础上提出的，它除了保留 Langmuir 单分子层理论中吸附是动态平衡、固体表面是均匀的、被吸附分子间无作用力外，还补充了以下假设：①被吸附分子碰撞到其上面的气体分子之间存在范德华力，会发生多层吸附；②第一层的吸附热和以后各层的吸附热不同，第二层以上各层吸附为相同值（吸附质液化热）；③吸附质的吸附和脱附只发生在直接暴露于气相的表面上。BET方程的表达式如下：

$$\frac{P}{Q_a(P_0-P)} = \frac{1}{Q_mC} + \frac{C-1}{Q_mC} \times \frac{P}{P_0} \tag{4.4}$$

式中，Q_m 为第一层达到饱和时的吸附量，$mL \cdot g^{-1}$；C 为与吸附热相关的常数；P_0 为实验温度下吸附质的饱和蒸气压，MPa，$P_0 = P_c(T/T_c)^2$，P_c 为临界压力，其值为 4.603MPa，T 为实验温度，T_c 为临界温度，其值为 190.7K。

式(4.4)说明 $P/Q_a(P_0-P)$ 与 P/P_0 呈线性关系，由直线斜率和截距可得到 Q_m 和 C 值。BET 吸附模型是目前采用最频繁的方程之一，可用来描述Ⅰ、Ⅱ、Ⅲ型吸附等温线，其中一个重要用途是测试固体的比表面积。

4）D-A 方程

微孔充填理论是 20 世纪 40 年代 Dubinin 及其合作者提出的，当孔径尺寸与被吸附分子的大小相当时，吸附是对微孔的充填而不是像大多数吸附理论认为

的吸附过程发生在吸附剂表面上。这与 Langmuir 公式推导的基本假设不同。

在微孔充填理论中使用较多的是 D-A 方程，即取一个重量单位吸附剂（煤），它具有一定几何容积的微孔，如果完全充满微孔容积的煤层气量用 Q_n 表示，微孔中聚集的低于饱和压力的煤层气量用 Q 表示，并且 Q/Q_n 的比值称为微孔充满程度，则 D-A 方程为

$$Q_a = Q_n \exp\left[-D\left(\operatorname{Ln}\frac{P_0}{P}\right)^n\right] \tag{4.5}$$

式中，Q_n 为煤微孔体积，$mL \cdot g^{-1}$；D 为与吸附热相关的常数；n 为实验常数。

当式(4.5)中 $n=2$ 时，D-A 方程可化为 D-R 方程，即

$$Q_a = Q_n \exp\left[-D\left(\operatorname{Ln}\frac{P_0}{P}\right)^2\right] \tag{4.6}$$

此外，在煤对煤层气的吸附研究中，许多学者结合不同的研究目的对吸附模型进行了探讨。刘常洪等[97]曾对 Langmuir 吸附模型的适应性进行了实验研究，研究认为，不同的煤岩类型中，镜煤的等温吸附实验结果最符合 Langmuir 等温吸附曲线；不同煤级煤中，高煤级煤较中、低煤级煤的 Langmuir 方程的拟合程度高。也有学者认为，Langmuir 方程是描述自由暴露于气体开放表面上的单分子层吸附，而对于具有复杂孔隙结构的煤，Langmuir 单分子吸附模型在理论上是值得怀疑的[98,99]。陈昌国等[36]曾通过微孔填充理论对比了研究无烟煤与活性炭的吸附特性，并与 Langmuir 和 Freundlich 等温方程进行比较，得出微孔填充理论更为符合实际的观点。

4.3.2　不加声场作用下甲烷吸附特性

根据第二章吸附实验方法，进行了不加声场作用下高压吸附实验，实验结果见图 4.16、图 4.17 所示。

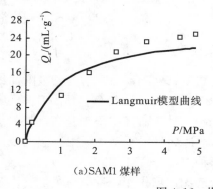

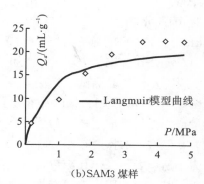

（a）SAM1 煤样　　　　　　　　　　　　　（b）SAM3 煤样

图 4.16　煤吸附甲烷等温曲线

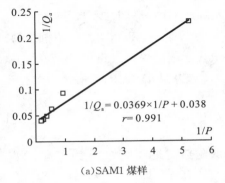 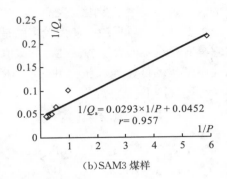

(a)SAM1 煤样   (b)SAM3 煤样

图 4.17　Langmuir 方程拟合曲线

　　从图中可以看出：煤样的等温吸附曲线属于图 1.1 的 Ⅰ 类曲线，可以用 Langmuir 方程式(4.1)来表示，实验数据回归分析得到 SAM1 煤样的 Langmuir 参数 $a=26.316$ mL・g^{-1}，$b=1.0298$ MPa^{-1}，相关系数 $r=0.991$；SAM3 煤样 的 Langmuir 参数 $a=22.124$ mL・g^{-1}，$b=1.5427$ MPa^{-1}，相关系数 $r=0.957$。 实验得出：不加声场作用下，当气压较低时，煤对甲烷的吸附量随气压增高而 增大，当气压较高时，煤对甲烷的吸附量随气压增高而增加缓慢，最终达到饱 和吸附量。

4.3.3　声场作用下甲烷吸附特性

1)声场作用下甲烷吸附实验

　　对 SAM1 和 SAM2 两种煤样进行了有声场和无声场作用下甲烷等温吸附特 性的试验研究。声波换能器参数如下：15kHz、2200W 的换能器声强分别为 2.723W・cm^{-2}、3.032W・cm^{-2} 和 3.404W・cm^{-2} 三挡；15kHz、3000W 的换 能器声强分别为 3.000W・cm^{-2}、3.360W・cm^{-2} 和 3.651W・cm^{-2} 三挡； 20kHz、1500W 的换能器声强分别为 2.166W・cm^{-2}、2.723W・cm^{-2} 和 2.847W・cm^{-2} 三挡，实验温度为 30℃。

　　吸附特性实验测试了 7 个气压，气压在 0.1～5MPa，测得的等温吸附曲线 如图 4.18 所示。从图 4.18 中得出：气压在 2MPa 以下时，随气体压力升高，吸 附量增大，且增加的梯度较大，气压超过 2MPa 时，随气体压力升高，吸附量 增大，但增加的梯度较小，在 5MPa 左右基本达到吸附平衡，吸附等温曲线形 式为 Ⅰ 型，表明煤中孔隙以微孔为主的；两种煤样（SAM1 和 SAM2）在气压条 件相同时，声场作用下煤对甲烷的吸附量低于无声场作用，且吸附量随着声强 的增大而减小，说明外加声场作用降低了煤对甲烷的吸附能力。

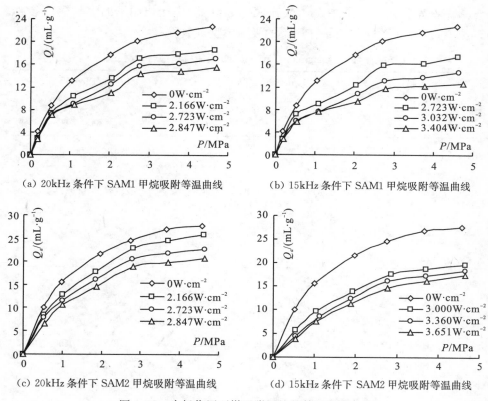

（a）20kHz 条件下 SAM1 甲烷吸附等温曲线　　（b）15kHz 条件下 SAM1 甲烷吸附等温曲线

（c）20kHz 条件下 SAM2 甲烷吸附等温曲线　　（d）15kHz 条件下 SAM2 甲烷吸附等温曲线

图 4.18　声场作用下煤吸附甲烷的等温吸附曲线

2）吸附实验数据分析

根据图 4.18 的实验结果，结合 Langmuir 方程、Freundlich 经验公式、BET 方程、D-R 方程，利用 Matlab 对不加声场及加声场作用下的等温吸附实验数据进行回归分析，模型参数拟合结果如表 4.7、表 4.8 所示。从表中可以看出，在有无声波作用下，煤对甲烷的吸附特性均可以用 Langmuir 方程、Freundlich 方程、BET 方程、D-R 方程来描述，实验曲线与模型拟合曲线对比图 4.19 所示，其中 Langmuir 方程和 D-R 方程的拟合度最好，与实验曲线比较接近，拟合的相关性系数都在 0.99 以上，均方差也最小，因此 Langmuir 方程、D-R 方程能较好地反映煤吸附甲烷特性。

从表 4.7、表 4.8 中可以看出：声波对煤吸附甲烷特性有影响，声波作用下吸附模型 Langmuir 方程参数 a、Freundlich 方程参数 K'、BET 方程参数 Q_m、D-R 方程参数 Q_n 将减小，说明声波影响饱和吸附量参数，且参数随声强 J 的增大而减小，参数比 a_J/a、K'_J/K'、Q_{mJ}/Q_m、Q_{nJ}/Q_n 与声强 J 呈线性递减关系，如图 4.20 所示，相关系数在 0.93 以上，参数比与声强的关系可以用

$1-K_aJ$ 来描述，图 4.20 中 a_J、K'_J、Q_{mJ}、Q_{nJ} 为声场作用下的吸附模型参数，a、K'、Q_m、Q_n 为不加声场作用下的吸附模型参数。

表 4.7　Langmuir、Freundlich 吸附模型拟合参数

煤样	频率 f /kHz	声强 J / (W· cm^{-2})	Langmuir 方程				Freundlich 方程			
			$a/$ (mL· g^{-1})	$b/$MPa^{-1}	相关 系数 r	均方 差 S	$K'/$ (mL· g^{-1})	m	相关 系数 r	均方 差 S
SAM1	0	0	29.02	0.8091	0.998	0.281	12.22	2.245	0.993	0.917
	20	2.166	24.08	0.7452	0.996	0.576	9.71	2.163	0.991	0.856
	20	2.723	22.05	0.7416	0.995	0.591	8.903	2.184	0.991	0.809
	20	2.847	19.30	0.8532	0.993	0.634	8.343	2.310	0.989	0.761
	15	3.032	18.89	0.7293	0.996	0.454	7.574	2.168	0.994	0.514
	15	3.404	15.42	0.9748	0.998	0.386	7.099	2.435	0.991	0.559
SAM2	0	0	37.21	0.7047	0.999	0.302	15.37	2.368	0.994	0.889
	15	3.000	27.56	0.5441	0.998	0.465	9.5	2.01	0.991	0.923
	15	3.360	26.34	0.4810	0.999	0.482	8.768	1.947	0.987	0.986
	15	3.651	25.67	0.4294	0.996	0.691	7.897	1.848	0.989	0.933
	20	2.166	31.13	0.5506	0.999	0.425	11.56	1.762	0.901	0.928
	20	2.723	29.68	0.6857	0.998	0.341	10.58	1.849	0.990	0.921
	20	2.847	28.66	0.5882	0.998	0.368	10.08	1.967	0.990	0.988

表 4.8　BET、D-R 吸附模型拟合参数

煤样	频率 f /kHz	声强 J / (W· cm^{-2})	BET 方程				D-R 方程			
			C	$Q_m/$ (mL· g^{-1})	相关 系数 r	均方 差 S	D	$Q_n/$ (mL· g^{-1})	相关 系数 r	均方差 S
SAM1	0	0	28.45	15.82	0.983	1.110	0.1085	25.06	0.999	0.247
	20	2.166	26.16	12.89	0.989	0.989	0.1085	20.24	0.993	0.580
	20	2.723	26.72	11.73	0.987	0.961	0.1076	18.36	0.995	0.603
	20	2.847	28.10	10.67	0.987	0.861	0.1057	16.83	0.991	0.607
	15	3.032	26.24	10.05	0.992	1.110	0.1029	15.39	0.995	0.515
	15	3.404	34.66	8.646	0.987	0.699	0.0977	13.69	0.997	0.355

续表

煤样	频率 f /kHz	声强 J / (W·cm⁻²)	BET 方程				D-R 方程			
			C	Q_m/(mL·g⁻¹)	相关系数 r	均方差 S	D	Q_n/(mL·g⁻¹)	相关系数 r	均方差 S
SAM2	0	0	18.56	22.13	0.989	0.988	0.113	31.27	0.999	0.258
	15	3.000	21.1	13.87	0.986	1.021	0.1416	22.68	0.998	0.321
	15	3.360	20.5	12.73	0.981	0.998	0.163	21.72	0.998	0.331
	15	3.651	20.6	11.79	0.981	0.865	0.171	20.5	0.999	0.333
	20	2.166	22.49	17.61	0.991	0.723	0.103	26.02	0.994	0.442
	20	2.723	21.95	16.24	0.989	0.892	0.113	24.29	0.998	0.351
	20	2.847	20.31	14.91	0.986	1.033	0.129	23.47	0.998	0.362

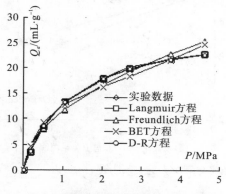

（a）无声场作用下试验曲线与模型曲线对比图

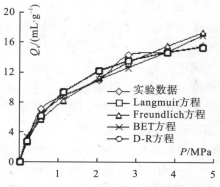

（b）2.166W·cm⁻²声场作用下试验曲线与模型曲线对比图

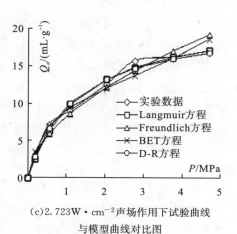

（c）2.723W·cm⁻²声场作用下试验曲线与模型曲线对比图

（d）2.847W·cm⁻²声场作用下试验曲线与模型曲线对比图

图 4.19　SAM1 在 20kHz 声场作用下试验曲线与模型曲线对比图

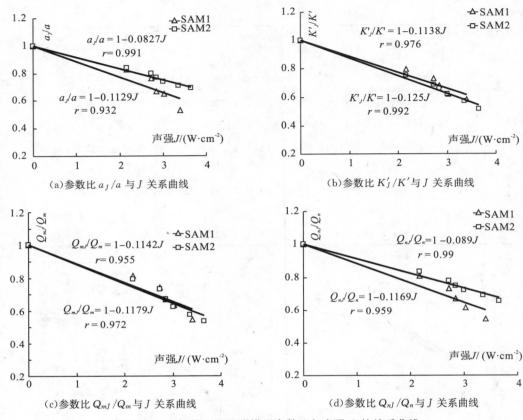

图 4.20　声场作用下吸附模型参数比与声强 J 的关系曲线

3)声场作用下煤层气吸附动力学特性

煤层气吸附动力学特性[100~102]是研究煤层气吸附的重要组成部分,分析声波作用下煤对甲烷吸附动力特性可以进一步探讨声波抑制煤吸附甲烷的作用,为此实验研究了有无声波作用下煤吸附甲烷的动力学特性,实验条件为:吸附气体压力为 3MPa,声波频率为 20kHz、15kHz。测定了煤样从初始吸附至吸附平衡时煤对甲烷吸附量和时间的关系曲线,如图 4.21 所示,从图中可以看出,有无声场作用下,煤吸附甲烷量与时间曲线形状一致,均为初始阶段吸附量增加得较快,吸附速率较大,到达一定时间后,随着时间的增长,煤单位时间吸附甲烷量降低,吸附速率减小,直至吸附平衡。

根据图 4.21 实验数据得到煤吸附甲烷速率与时间的关系,如图 4.22 所示。从图中可以看出,在整个吸附过程中,煤样的吸附速率随着吸附时间的增长而迅速减小并逐渐趋向于 0;有无声场作用下,煤吸附甲烷速率的变化规律都是一致的,且声波作用下煤吸附甲烷速率比不加声波作用时小,且声场强度越大,煤吸附甲烷速率越小，其中不加声波作用时，煤吸附甲烷增加速度最快，表明未达到吸附平衡时，声波作用影响煤样的吸附量和吸附速度，且声强越大，影响越明显，这主要是声波作用的热效应和机械振动综合作用的效果。

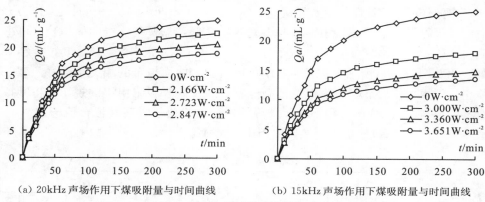

（a）20kHz 声场作用下煤吸附量与时间曲线　　　　（b）15kHz 声场作用下煤吸附量与时间曲线

图 4.21　SAM2 声场作用下煤吸附量与时间关系曲线图

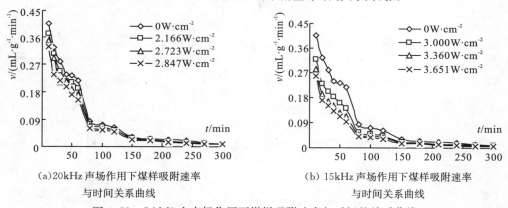

（a）20kHz 声场作用下煤样吸附速率　　　　　　（b）15kHz 声场作用下煤样吸附速率
　　　　与时间关系曲线　　　　　　　　　　　　　　　与时间关系曲线

图 4.22　SAM2 在声场作用下煤样吸附速率与时间的关系曲线

4.3.4　声场作用下煤吸附甲烷模型

现有的吸附模型中没有引入声强参数，不能反映吸附量与声强的关系，也不能计算不同声强下煤吸附甲烷量，为便于实际应用，需要建立声场作用下煤吸附甲烷模型。根据图 4.18 的实验结果，Langmuir 模型和 D-R 模型能较好地描述煤吸附甲烷特性，且吸附模型参数比 a_J / a、Q_{nJ}/Q_n 与声强 J 呈线性递减关系，因此在 Langmuir 模型和 D-R 模型的基础上引入修正项 $1-K_a J$，即建立了声场作用下煤吸附甲烷模型，其表达式如下：

$$Q_{aJ} = \frac{a_J bP}{1+bP} = \frac{a(1-K_L J)bP}{1+bP} \tag{4.7}$$

$$Q_{aJ} = Q_{nJ}\exp[-D\ln^2(P_0/P)] = Q_n(1-K_D J)\exp[-D\ln^2(P_0/P)] \tag{4.8}$$

式中，Q_{aJ}为声场作用下的吸附量，mL·g^{-1}；a_J、Q_{nJ}为加声场作用下的吸附参数，K_L、K_D为实验参数；J为声强，W·cm^{-2}。

公式(4.7)及公式(4.8)为声场作用下的煤吸附甲烷模型，其模型参数可以通过声波作用下煤吸附甲烷试验确定，实验测定了不同声强J、不同气体压力P时的煤吸附甲烷量Q_{aJ}，利用 Matlab 对这些实验数据进行 3 维曲面拟合，可得到公式(4.7)及公式(4.8)中a、b、K_L、Q_n、D、K_D等 6 个参数，其拟合结果如表4.9、图4.23所示。从表4.9中可以看出，曲面拟合的相关系数好，表明修正后的声场作用下煤吸附甲烷模型能较好地反映煤吸附甲烷的规律。将其拟合参数值与 Langmuir 方程、D-R 方程的拟合值相比，发现其拟合值与表4.7、表4.8中声强$J=0$时的拟合参数值相比，误差很小，在2.5%之内。

表4.9　模型(4.7)、(4.8)拟合参数

煤样	模型(4.7)参数				模型(4.8)参数			
	$a/$ (mL·g^{-1})	$b/$ MPa^{-1}	K_L	相关系数 r	$Q_n/$ (mL·g^{-1})	D	K_D	相关系数 r
SAM1	29.74	0.8088	0.1194	0.989	25.68	0.1086	0.1194	0.989
SAM2	38.17	0.75	0.1108	0.988	31.2	0.1214	0.0943	0.988

图4.23为吸附量Q_{aJ}、声强J、气体压力P在三维坐标系统中所形成的曲面，从图中可以看出，修正后的模型可以反映有无声场作用下吸附量的变化规律，即声强增加，吸附量有规律地减小。通过研究不同声场强度下的煤吸附甲烷模型，可以预测煤吸附甲烷量，这对声震法应用于煤层气开采提供了一定的理论基础。

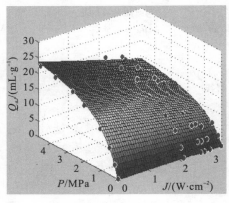

(a)SAM1 模型式(4.7)拟合曲面

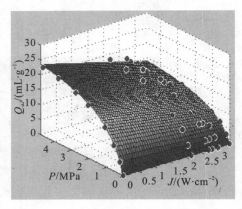

(b) SAM1 模型(4.8)拟合曲面

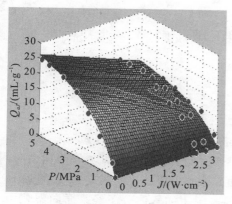
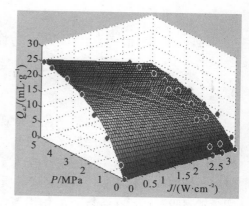

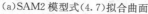

(a) SAM2 模型式(4.7)拟合曲面　　　　　(b) SAM2 模型(4.8)拟合曲面

图 4.23　吸附量 Q_{aJ}、声强 J、气体压力 P 在三维空间中的拟合曲面

4.3.5　声场影响煤吸附甲烷的机理

通过前面的实验研究发现，声场作用下煤对甲烷的吸附作用减弱，吸附量减少。相同时刻吸附速率减小，随声强的增大，吸附速率减少较快。煤属于多孔介质，其表面存在不饱和力场，可以吸附气体分子，称为吸附中心，吸附中心被吸附质分子占据达到吸附效果。

声场作用影响煤吸附甲烷，在煤对甲烷的吸附过程中，假设：

(1)吸附剂的表面上有 n_0 个吸附中心，且每个吸附中心只被一个吸附分子占据，形成不移动的吸附层；

(2)吸附剂表面有一定数量的吸附中心；

(3)每个吸附中心具有相等的吸附能，假设吸附体系中有 n 个被吸附分子，则在声场作用下被吸附分子的平均数 $\bar{n}$ 为[103]

$$\bar{n} = \frac{n_0}{1 + \exp\left[-1/k_0 T(A_0 - Q' - \omega_0 + \mu_0)\right]} \tag{4.9}$$

式中，k_0 为波尔兹曼常数；A_0 为吸附中心的束缚势能；Q_0 为被吸附分子所具有的热能；ω_0 为吸附分子在声波场中获得的能量；μ_0 为分子的化学势。

从式(4.9)可以看出，当增大外场能量 ω_0 时，$\bar{n}$ 减小，吸附量减小，在煤吸附甲烷的过程中，当有外场作用即声场作用时，形成一个巨大的冲击波，使被吸附的分子获得很大的声场能量，从而使甲烷的吸附量减小，吸附能力降低，且声波强度越大，吸附体系获得的声场能量越大，也就是说 ω_0 的值越大，吸附量越小，等温吸附曲线越低。可以看出声场的作用影响了甲烷的吸附平衡，使甲烷的饱和吸附量降低，这和上述的实验分析结果一致。从微观角度上讲，声场产生的能量使甲烷分子间的作用势减少，分子间的作用力增大，使煤样内部的吸附分子势垒加深，从而使煤体内部的瓦斯浓度梯度变小，这样吸附量就减少。

4.4 不加声场和加声场作用下甲烷解吸特性及模型

4.4.1 解吸模型

解吸是一个动态过程，它包括微观和宏观两种意义。在原始状态下，煤基质表面上或微孔隙中的吸附态煤层气与裂隙系统中的煤层气处于动态平衡，当外界压力改变时，这一平衡被打破，当外界压力低于煤层气的临界解吸压力时，吸附态煤层气开始解吸：首先是煤基质表面或微孔内表面上的吸附态发生脱附，即微观解吸；而后在浓度差的作用下，已经脱附了的气体分子经基质向裂隙中扩散，即宏观解吸；最后在压力差的作用下，扩散至裂隙中的自由态气体，继续作渗流运动。

为了探索煤层中煤层气解吸与扩散过程的动力学规律，人们提出了许多公式来计算煤层中甲烷的解吸量随时间的变化，主要模型有：经验公式、扩散模型、渗透模型、解吸−扩散模型。

1)经验公式

因气体解吸动力学曲线与吸附等温曲线类似，因此可以用如下经验公式[104,105]来表示解吸量与时间的关系。

$$Q_d = \frac{\alpha_1 \beta_1 t}{1 + \beta_1 t} \tag{4.10}$$

式中，Q_d 为解吸量，$mL \cdot g^{-1}$；α_1 为总解吸量，$mL \cdot g^{-1}$；β_1 为解吸常数，min^{-1}；t 为时间，min。

2)扩散模型

巴雷尔[105,106]基于天然沸石各种气体的吸附速度测定，认为在定压系统下，式(4.11)成立

$$Q_d = \frac{2Q_{d\infty}S}{V} \sqrt{\frac{D_0 t}{\pi}} = K_1 \sqrt{t} \tag{4.11}$$

式中，$Q_{d\infty}$ 为总解吸量，$mL \cdot g^{-1}$；S 为试样的外部表面积，$cm^2 \cdot g^{-1}$；V 为试样的总体积，$cm^3 \cdot g^{-1}$；D_0 为扩散系数，$cm^2 \cdot s^{-1}$；K_1 为解吸参数，$cm^3 \cdot g^{-1} \cdot s^{-1/2}$。

均方根式[105,106]基于煤屑煤层气扩散方程经模拟计算得到的近似解，其表达式为

$$Q_d = D_{d\infty} \sqrt{1 - e^{-Bt}} \tag{4.12}$$

式中，B 为参数，$B = \pi^2 D / R_0^2$；D 为扩散系数，$cm^2 \cdot s^{-1}$；R_0 为煤粒半

径，cm。

3)渗透模型

国内在预抽煤层气涌出随时间的变化广泛采用指数式[105]，其表达式为

$$Q_d = Q_\infty [1 - \exp(-b_0 t)] \qquad (4.13)$$

式中，b_0 为放散速度随时间的衰减系数，min^{-1}。

4)解吸－扩散模型

文献［107］提出的一个三常数的吸附（解吸）－扩散控制模型来分析煤层气吸附与解吸过程的动力学规律。煤样吸附（解吸）甲烷的量为两部分之和。一部分是甲烷在煤样外表面和敞开大孔表面上的吸附（解吸），其量为 Q_0（Q_0 与时间无关），这些表面与周围环境相通，吸附（解吸）的甲烷无须通过煤层扩散；另一部分是甲烷在煤层内部孔隙表面上的吸附（解吸），其量为 $Q_d(t)$。根据扩散理论，假设煤样为球形，通过求解球坐标下的 Fick 第二定律经计算机数值拟合后得到甲烷的扩散量为

$$Q_d = Q_0 + Q_d(t) = Q_0 + Q_{d\infty} \sqrt{1 - \exp(-Bt)} \qquad (4.14)$$

4.4.2　不加声场作用下甲烷解吸特性

实验条件为：不加声场、实验甲烷气压力为 1.5MPa，分别测试了 20.3℃、30℃、40℃、45℃、50℃煤中甲烷解吸动力学曲线，如图 4.24 所示。从图中可以看出：相同温度和气压条件下，煤中甲烷的初始解吸速度较快，随时间的增加，解吸速度慢慢减小，最后达到解吸平衡；随温度的增加，煤中甲烷的最终解吸量增大，说明温度增加，甲烷分子运动速度加快，煤对甲烷的吸附能力降低。

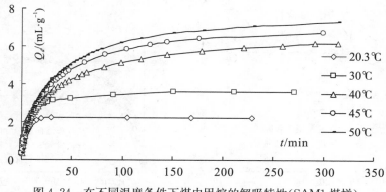

图 4.24　在不同温度条件下煤中甲烷的解吸特性（SAM1 煤样）

　　煤中甲烷的解吸速度如图 4.25 所示，得出：相同温度条件下，煤中甲烷的初始解吸速度较快，随时间的增加，解吸速度慢慢减小，最终达到解吸平衡。

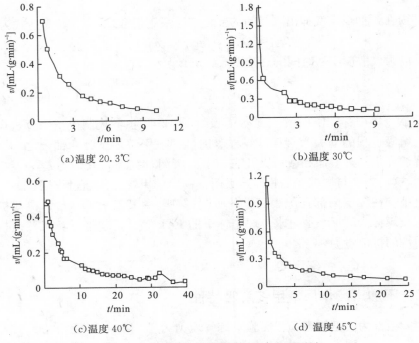

图 4.25　不同温度条件下甲烷的解吸速度

　　根据实验数据，对解吸模拟进行了拟合，拟合结果如图 4.26 所示，得出：扩散模型对解吸动力曲线整个过程拟合效果最好；渗透模型效果次之，渗透模型对解吸初期段拟合较差，解吸平衡段拟合效果好；经验公式拟合效果较差，对解吸初期段拟合较好，解吸平衡段拟合效果较差。因此，用扩散模型能较好地描述甲烷气体的解吸特性。

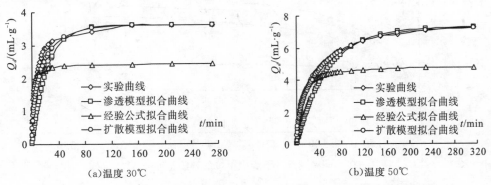

图 4.26　甲烷解吸实验值、经验公式、扩散模型、渗透模型拟合曲线对比

根据图 4.24 不同温度条件下甲烷解吸实验数据，采用回归分析得到经验公式、扩散模型、渗透模型的解吸动力学参数如表 4.10 所示，其模型参数随温度的变化规律如图 4.27 所示。从表 4.10、图 4.27 中可知，随温度的增加，经验公式参数 α_1、扩散模型参数 $Q_{d\infty}$ 与渗透模型参数 Q_∞ 增大。随温度的增加，扩散模型参数 B 与渗透模型参数 b_0 减小。经验公式参数 β_1 与温度变化没有规律性。

表 4.10　解吸模型参数拟合值

名称 温度/℃	经验公式参数		扩散模型参数		渗透模型参数		相关系数 r
	$\alpha_1/$ $(mL \cdot g^{-1})$	$\beta_1/$ min^{-1}	$Q_{d\infty}/$ $(mL \cdot g^{-1})$	$B/$ min^{-1}	$Q_\infty/$ $(mL \cdot g^{-1})$	$b_0/$ min^{-1}	
20.3	2.3031	0.3450					0.9986
30	2.4343	0:8112					0.9656
40	4.7348	0.1070					0.9978
45	3.6337	0.3046					0.9716
50	4.8804	0.1549					0.9954
20.3			2.2489	0.1444			0.9841
30			3.6192	0.0341			0.9632
40			6.2132	0.0123			0.9752
45			6.7572	0.0134			0.9994
50			7.3115	0.0126			0.9976
20.3					2.2489	0.1840	0.9978
30					3.6192	0.0432	0.8531
40					6.2132	0.0164	0.9497
45					6.7572	0.0195	0.9494
50					7.3115	0.0185	0.9094

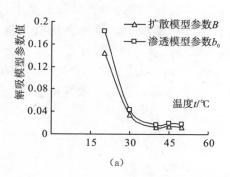

(a)

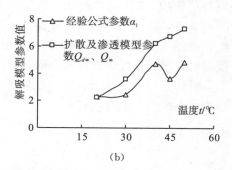

(b)

图 4.27　解吸模型参数随温度的变化规律

4.4.3 声场作用下甲烷解吸特性

声场促进甲烷解吸的机理主要源于声波的机械振动作用与热效应作用，实验研究了不同频率、不同气压、不同声强作用下煤中甲烷的解吸特性。

1）不同频率声场作用下甲烷解吸实验

加声场的条件为：超声波换能器频率分别为 27.7kHz、34.1kHz、40.0kHz、功率 60～80W，超声波发生器输出功率可调。实验研究了甲烷压力为 1.5MPa，温度 25℃、30℃下不加声场和加声场条件下甲烷气的解吸特性，实验结果如图 4.28 所示。从图中可以看出：不加声场和加声场两种条件下甲烷的解吸动力学曲线形式一致，加声场作用下甲烷解吸量比不加声场甲烷解吸量大。相同条件下，声场作用解吸总量是不加声场的 1.2～1.9 倍，实验研究表明，声场能促进甲烷气解吸。

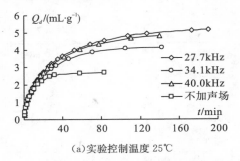
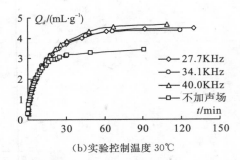

(a)实验控制温度 25℃　　　　　　　(b)实验控制温度 30℃

图 4.28　不同频率声场作用下煤中甲烷的解吸特性（SAM1 煤样）

根据图 4.28 不同频率声场作用煤中甲烷解吸实验数据，采用回归分析得到经验公式、扩散模型、渗透模型的解吸动力学参数如表 4.11～表 4.13 所示。从中可以看出：经验公式、扩散模型、渗透模型都能描述煤中甲烷气体的解吸特性，且相关性很好。在声场作用下经验公式参数 α_1、扩散模型参数 $Q_{d\infty}$、渗流模型参数 Q_∞ 增大，经验公式参数 β_1、扩散模型参数 B、渗透模型参数 b_0 减小。图 4.29 是煤中甲烷解吸量的实验值、经验公式、扩散模型、渗透模型拟合曲线，从图 4.29 中可以看出：扩散模型拟合效果最好；渗透模型效果次之，渗透模型对解吸初期段拟合较差，解吸平衡段拟合效果好；经验公式拟合效果最差，但是对解吸初期段拟合较好，解吸平衡段拟合效果很差，表明扩散模型能很好地描述甲烷气体的解吸特性。

表 4.11　经验公式参数

实验温度	声场条件	$\alpha_1/\ (mL \cdot g^{-1})$	$\beta_1/\ min^{-1}$	相关系数
25℃	不加声场	2.5088	0.2243	0.9977
	加声场 27.7kHz	3.4674	0.1836	0.9930
	加声场 34.1kHz	3.1240	0.1750	0.9964
	加声场 40.0kHz	3.5149	0.1515	0.9973
30℃	不加声场	2.3413	0.8521	0.9673
	加声场 27.7kHz	3.9651	0.1838	0.9988
	加声场 34.1kHz	4.1667	0.1765	0.9958
	加声场 40.0kHz	3.7216	0.2348	0.9971

表 4.12　扩散模型参数

实验温度	声场条件	$Q_{d\infty}/\ (mL \cdot g^{-1})$	B/min^{-1}	相关系数
25℃	不加声场	2.6832	0.0703	0.9855
	加声场 27.7kHz	5.1624	0.0212	0.9854
	加声场 34.1kHz	4.1424	0.0308	0.9850
	加声场 40.0kHz	4.8165	0.0235	0.9892
30℃	不加声场	3.4204	0.0574	0.9798
	加声场 27.7kHz	4.4664	0.0466	0.9902
	加声场 34.1kHz	4.3618	0.0514	0.9812
	加声场 40.0kHz	4.6652	0.0467	0.9931

表 4.13　渗透模型参数

实验温度	声场条件	$Q_{\infty}/\ (mL \cdot g^{-1})$	b_0/min^{-1}	相关系数
25℃	不加声场	2.6832	0.0990	0.9961
	加声场 27.7kHz	5.1624	0.0276	0.9948
	加声场 34.1kHz	4.1424	0.0410	0.9892
	加声场 40.0kHz	4.8165	0.0329	0.9881
30℃	不加声场	3.4204	0.0830	0.9005
	加声场 27.7kHz	4.4664	0.0588	0.9938
	加声场 34.1kHz	4.3618	0.0680	0.9911
	加声场 40.0kHz	4.6652	0.0573	0.9954

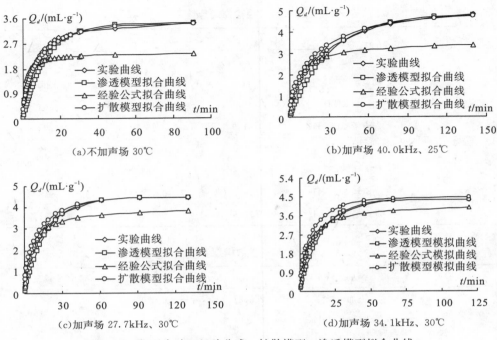

图 4.29　解吸实验、经验公式、扩散模型、渗透模型拟合曲线

2)不同气压声场作用下甲烷解吸实验

加声场的条件为:声波发生器输出频率为 40kHz、功率为 30W。分别测试了常温下甲烷气压力为 1MPa、2MPa、3MPa 在不加声场和加声场条件下甲烷气的解吸特性,如图 4.30 所示。从中可以看出:不加声场和加声场两种条件下煤中甲烷气的解吸动力学曲线形式一致,加声场作用下煤中甲烷气解吸量比不加声场甲烷气解吸量大,表明声场能促进甲烷气解吸。

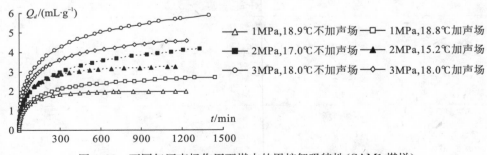

图 4.30　不同气压声场作用下煤中的甲烷解吸特性(SAM1 煤样)

根据图 4.30 甲烷解吸实验数据，采用回归分析得到经验公式、扩散模型、渗透模型的解吸动力学参数如表 4.14～表 4.16 所示。从中可以看出：经验公式、扩散模型、渗透模型都能描述煤中甲烷气体的解吸特性，且相关性很好。相同气压，在声场作用下经验公式参数 α_1、扩散模型参数 $Q_{d\infty}$、渗流模型参数 Q_∞ 增大，经验公式参数 β_1、扩散模型参数 B、渗透模型参数 b_0 减小。

表 4.14　经验公式参数

气体压力/MPa	声场条件	$\alpha_1/(mL \cdot g^{-1})$	β_1/min^{-1}	相关系数 r
1	不加声场	2.1697	0.1789	0.981
	加声场	2.7315	0.1076	0.970
2	不加声场	3.9370	0.1097	0.975
	加声场	3.7693	0.1066	0.974
3	不加声场	4.8077	0.0851	0.988
	加声场	5.7803	0.0936	0.979

表 4.15　扩散模型参数

气体压力/MPa	声场条件	B/min^{-1}	$Q_{d\infty}/(mL \cdot g^{-1})$	相关系数 r
1	不加声场	0.0063	3.281	0.983
	加声场	0.0021	4.243	0.991
2	不加声场	0.0042	5.382	0.991
	加声场	0.0024	6.861	0.987
3	不加声场	0.0032	7.584	0.986
	加声场	0.0023	9.737	0.995

表 4.16　渗透模型参数

气体压力/MPa	声场条件	b_0/min^{-1}	$Q_\infty/(mL \cdot g^{-1})$	相关系数 r
1	不加声场	0.0074	3.281	0.986
	加声场	0.0039	4.243	0.966
2	不加声场	0.0052	5.382	0.957
	加声场	0.0031	6.861	0.966
3	不加声场	0.0040	7.584	0.927
	加声场	0.0031	9.737	0.962

3)不同声强作用下甲烷解吸实验

实验研究了两种煤样（SAM1 和 SAM2）在不加声波和加声波作用下的解吸

动力学特性，SAM1 煤样声波换能器参数分别为：15kHz 声波发生器最大功率为 2200W，声强分别为 2.723W·cm^{-2}、3.032W·cm^{-2} 和 3.404W·cm^{-2} 三挡；20kHz 声波发生器最大功率 1500W，声强分别为 2.166W·cm^{-2}、2.723W·cm^{-2} 和 2.847W·cm^{-2} 三挡，平衡后气体压力为 0.86MPa，实验温度为 30℃。SAM2 煤样声波换能器参数为：15kHz 声波发生器最大功率为 3000W，声强分别为 3.000W·cm^{-2}、3.360W·cm^{-2} 和 3.651W·cm^{-2} 三挡；20kHz 声波发生器最大功率、声强同上，平衡后气体压力为 1MPa，实验温度为 30℃。煤中甲烷解吸动力学曲线如图 4.31 所示。

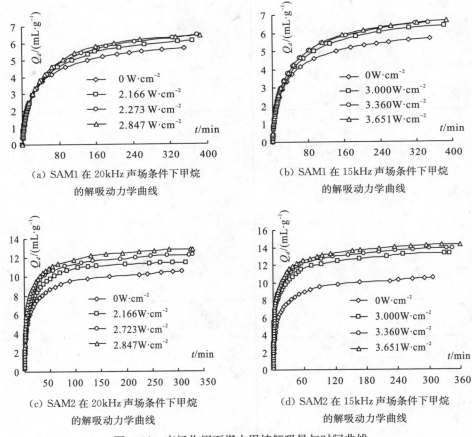

(a) SAM1 在 20kHz 声场条件下甲烷
的解吸动力学曲线

(b) SAM1 在 15kHz 声场条件下甲烷
的解吸动力学曲线

(c) SAM2 在 20kHz 声场条件下甲烷
的解吸动力学曲线

(d) SAM2 在 15kHz 声场条件下甲烷
的解吸动力学曲线

图 4.31　声场作用下煤中甲烷解吸量与时间曲线

从图 4.31 中可以看出，两种煤样在有无声波条件下甲烷解吸规律相同，在甲烷解吸全过程中，初始解吸速度较大，随着解吸时间的延长，解吸速度慢慢减小，最终趋于 0；声波作用下甲烷的解吸总量高于不加声波条件下，且声强越大，解吸量总量越大，例如煤样 SAM1 在声强 3.404W·cm^{-2} 作用下时的解吸量为 6.67mL·g^{-1}，比不加声波作用时增加了 17.2%；煤样 SAM2 在声强 3.651W·cm^{-2} 作用下时解吸量

为 $14.33\mathrm{mL} \cdot \mathrm{g}^{-1}$，比不加声波作用时增加了 35.7%。

4）解吸实验数据分析

根据图 4.31 的实验数据，声场作用下甲烷解吸动力学特性可以用经验公式、扩散模型、渗透模型、解吸－扩散模型来描述，模型参数拟合结果如表 4.17、表 4.18 所示，从表中可以看出，拟合相关系数在 0.92 以上。实验曲线与模型拟合曲线如图 4.32 所示，从图中可以看出：扩散模型、解吸－扩散模型拟合效果最好，相关性系数在 0.98 以上，渗透模型效果次之，渗透模型对解吸初期段拟合较差，解吸平衡段拟合效果好；经验公式拟合效果最差，但是对解吸初期段拟合较好，解吸平衡段拟合效果很差。因此用扩散模型能较好地描述甲烷气体的解吸特性。

从表 4.17、表 4.18 中可以看出，声波作用下经验公式参数 α_1、扩散模型参数 $Q_{d\infty}$、渗流模型参数 Q_∞ 大于不加声波作用，且随声强的增大而增大，从图 4.33 中可以看出，模型参数比 α_{1J}/α_1、$Q_{\infty J}/Q_\infty$、$Q_{d\infty J}/Q_{d\infty}$ 与声强 J 呈线性递增关系，相关系数在 0.96 以上，参数比与声强 J 的关系可以用 $1+CJ$ 来表示，图 4.33 中 α_1、Q_∞、$Q_{d\infty}$ 表示不加声场作用下的解吸动力学模型参数，α_{1J}、$Q_{\infty J}$、$Q_{d\infty J}$ 表示加声场作用下的解吸模型参数。

表 4.17　经验公式、扩散模型拟合参数

实验煤样	声强 J /（$\mathrm{W} \cdot \mathrm{cm}^{-2}$）	经验公式			扩散模型		
		α_1 /($\mathrm{mL} \cdot \mathrm{g}^{-1}$)	β_1 /min^{-1}	相关系数 r	$Q_{d\infty}$ /($\mathrm{mL} \cdot \mathrm{g}^{-1}$)	B /min^{-1}	相关系数 r
SAM1	0	5.867	0.0459	0.995	5.564	0.0133	0.997
	2.166	6.159	0.0475	0.993	6.107	0.0108	0.998
	2.723	6.511	0.0416	0.994	6.364	0.0105	0.998
	2.847	6.522	0.0456	0.993	6.471	0.0104	0.998
	3.032	6.549	0.0501	0.993	6.497	0.0118	0.998
	3.404	6.605	0.0512	0.992	6.546	0.0118	0.999
SAM2	0	9.881	0.2006	0.987	9.826	0.0461	0.990
	2.166	11.55	0.1658	0.983	11.49	0.0376	0.990
	2.723	12.08	0.1669	0.982	11.92	0.0419	0.995
	2.847	12.27	0.2561	0.983	12.19	0.0581	0.987
	3.000	12.96	0.2103	0.960	12.32	0.072	0.980
	3.360	13.38	0.3062	0.983	12.73	0.0797	0.985
	3.651	13.81	0.2802	0.986	13.21	0.0737	0.989

表 4.18 渗透模型、解吸—扩散模型拟合参数

实验煤样	声强 J /(W·cm^{-2})	渗透模型			解吸-扩散模型				相关系数 r
		Q_∞ /(mL·g^{-1})	b_0 /min^{-1}	相关系数 r	Q_0 /(mL·g^{-1})	$Q_{d\infty}$ /(mL·g^{-1})	B /min^{-1}		
SAM1	0	5.564	0.0164	0.981	0.090	5.564	0.014		0.998
	2.166	6.107	0.0152	0.978	0.107	6.393	0.009		0.998
	2.723	6.364	0.0137	0.979	0.139	6.623	0.009		0.998
	2.847	6.471	0.0131	0.978	0.028	6.883	0.009		0.997
	3.032	6.497	0.0154	0.931	0.038	7.008	0.009		0.996
	3.404	6.546	0.0151	0.962	0.201	7.280	0.008		0.994
SAM2	0	9.826	0.1193	0.946	0.447	9.500	0.0389		0.991
	2.166	11.49	0.0928	0.931	0.400	11.42	0.0393		0.990
	2.723	11.92	0.0939	0.947	0.1685	11.94	0.0385		0.995
	2.847	12.19	0.1487	0.935	0.1937	12.30	0.0506		0.987
	3.000	12.32	0.2216	0.928	0.426	12.68	0.0647		0.976
	3.360	12.73	0.2251	0.948	0.070	13.20	0.0732		0.984
	3.651	13.21	0.1988	0.952	0.016	13.60	0.0659		0.988

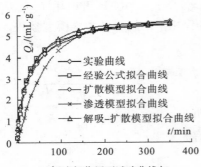

(a)无声场作用下试验曲线与
模型曲线对比图

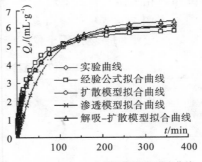

(b) 2.166W·cm^{-2}声场作用下试验曲线
与模型曲线对比图

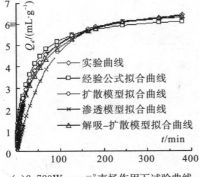

(c)2.723W·cm^{-2}声场作用下试验曲线
与模型曲线对比图

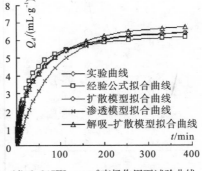

(d) 2.847W·cm^{-2}声场作用下试验曲线
与模型曲线对比图

图 4.32 SAM1 在 20kHz 声场作用下煤解吸甲烷实验曲线与模型曲线对比图

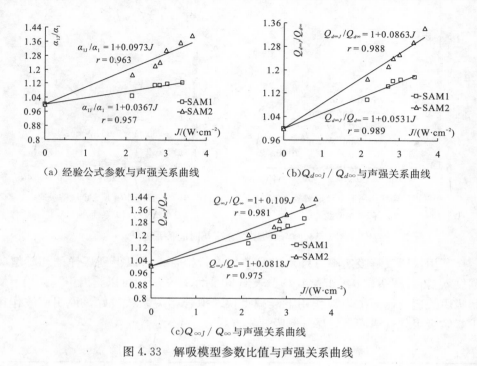

（a）经验公式参数与声强关系曲线　　　　　　（b）$Q_{d\infty J}/Q_{d\infty}$ 与声强关系曲线

（c）$Q_{\infty J}/Q_{\infty}$ 与声强关系曲线

图 4.33　解吸模型参数比值与声强关系曲线

5）声波作用下煤中甲烷的解吸速率分析

煤层气的解吸速率也是影响煤层气解吸特性的重要因素之一。将相邻时间解吸量差除以时间差即为解吸速率，解吸速率与时间曲线如图 4.34 所示，从图中可以看出，两种煤样在不加声波和加声波作用下解吸甲烷速率规律一致，都随着时间的增大解吸速率减小，最终趋于 0；在解吸初期，煤解吸甲烷速率下降得很快，在解吸后期，解吸速率基本相近。声波作用下煤解吸甲烷速率比不加声波作用时快，且声强增大，解吸速率增大，说明声波作用可以促进煤层气的解吸。

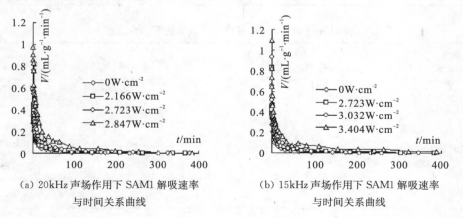

（a）20kHz 声场作用下 SAM1 解吸速率　　　　（b）15kHz 声场作用下 SAM1 解吸速率
　　　　与时间关系曲线　　　　　　　　　　　　　　　与时间关系曲线

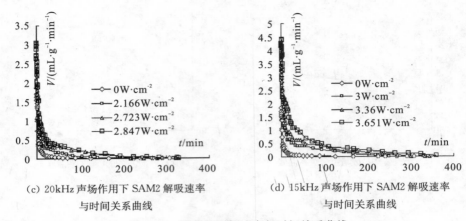

(c) 20kHz声场作用下 SAM2 解吸速率 　　　(d) 15kHz声场作用下 SAM2 解吸速率
　　　与时间关系曲线　　　　　　　　　　　　　　　与时间关系曲线

图 4.34　煤解吸甲烷速率与时间关系曲线

利用煤层气解吸速率方程对实验数据进行拟合，可以得到煤样的初始解吸强度 q_{01} 与衰减系数 β，如表 4.19、表 4.20 所示，从表中可以看出声波作用下煤解吸甲烷速度比不加声波作用下衰减得快，拟合相关系数较好，说明声波作用下煤解吸甲烷规律满足煤层气解吸速率方程。

表 4.19　SAM1 在声场作用下解吸速率拟合方程

气压 /MPa	声强 $J/(W \cdot cm^{-2})$	初始解吸强度 $q_{01}/(mL \cdot g^{-1} \cdot min^{-1})$	衰减系数 β	拟合方程	相关系数 r
0.86	0	0.5356	0.6369	$V=0.5356(1+t)^{-0.6369}$	0.979
0.86	2.166	0.769	0.8369	$V=0.769(1+t)^{-0.8369}$	0.988
0.86	2.723	0.899	0.7336	$V=0.899(1+t)^{-0.7336}$	0.978
0.86	2.847	0.9299	0.8361	$V=0.9299(1+t)^{-0.8361}$	0.99
0.86	3.032	0.9452	0.7289	$V=0.9452(1+t)^{-0.7289}$	0.962
0.86	3.404	1.093	0.6507	$V=1.093(1+t)^{-0.6507}$	0.979

表 4.20　SAM2 在声场作用下解吸速率拟合方程

气压 /MPa	声强 $J/(W \cdot cm^{-2})$	初始解吸强度 $q_{01}/(mL \cdot g^{-1} \cdot min^{-1})$	衰减系数 β	拟合方程	相关系数 r
1	0	2.095	0.514	$V=2.095(1+t)^{-0.514}$	0.983
1	2.166	2.514	0.682	$V=2.514(1+t)^{-0.682}$	0.991
1	2.723	2.983	0.5926	$V=2.983(1+t)^{-0.5926}$	0.988
1	2.847	3.515	0.5375	$V=3.515(1+t)^{-0.5375}$	0.987
1	3.0	3.966	0.5475	$V=3.966(1+t)^{-0.5475}$	0.987
1	3.36	4.446	0.4884	$V=4.446(1+t)^{-0.4884}$	0.989
1	3.651	5.125	0.3195	$V=5.125(1+t)^{-0.3195}$	0.957

　　根据表中得出的值绘制不同声强下煤解吸甲烷的初始解吸强度与声强 J 的关系曲线，如图 4.35 所示，发现声场作用下的初始解吸强度比不加声场时大，而声强越高，解吸强度也越大，表明声波作用影响煤解吸甲烷的强度，煤解吸甲烷系统获得的声波能量越大，分子运动越剧烈，因此解吸强度越大。

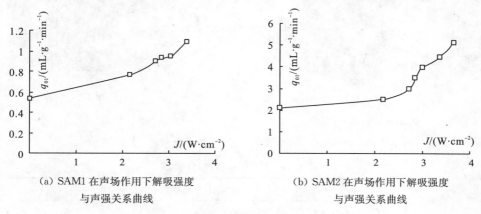

(a) SAM1 在声场作用下解吸强度　　　　　　　(b) SAM2 在声场作用下解吸强度
与声强关系曲线　　　　　　　　　　　　　　与声强关系曲线

图 4.35　声场作用下煤解吸强度与声强关系曲线

4.4.4　声场作用下甲烷解吸模型

　　现有的解吸模型不能直观地反映相同压力、相同时间声场作用下煤中甲烷解吸量与声强的关系，根据前面的实验研究结果，得出扩散模型能较好地描述煤中甲烷的解吸规律，其扩散模型参数比 $Q_{d\infty J}/Q_{d\infty}$ 与声强 J 呈线性递增关系，参数比 $Q_{d\infty J}/Q_{d\infty}=1+K_d J$，在扩散模型中引入修正项 $1+K_d J$，建立了声波作用下煤层气解吸模型。

$$Q_{dJ} = Q_{d\infty}(1 + K_d J)\sqrt{1 - \mathrm{e}^{-Bt}} \qquad (4.15)$$

式中，Q_{dJ} 为在 t 时刻声波作用下甲烷的解吸量，$\mathrm{mL \cdot g^{-1}}$；$Q_{d\infty}$ 为不加声波作用下煤解吸甲烷的饱和解吸量参数，$\mathrm{mL \cdot g^{-1}}$；B 为扩散参数；K_d 为实验参数；J 为声强，$\mathrm{W \cdot cm^{-2}}$；t 为时间，min。

　　式 (4.15) 为声波作用下煤层气解吸模型，其模型参数可以实验测定不同时间 t、不同声强 J 在声波作用下的甲烷解吸量 Q_{dJ}，根据实验数据，用 Matlab 对解吸量 Q_{dJ}、时间 t、声强 J 进行三维曲面拟合，即可得出参数 $Q_{d\infty}$、K_d、B 的值，拟合曲面如图 4.36 所示，拟合参数值如表 4.21 所示。

　　表 4.21 中声强 $J=0$ 时的拟合参数 $Q_{d\infty}$、B 值与表 4.17 相比，误差很小，在 3% 以内。图 4.36 为解吸量 Q_{dJ}、声强 J、气体压力 P 在三维坐标系统中所形成的曲面，从图中可以看出，修正后的模型可以反映有无声场作用下解吸量的变化规律，即声强增加，解吸量呈有规律的增大。

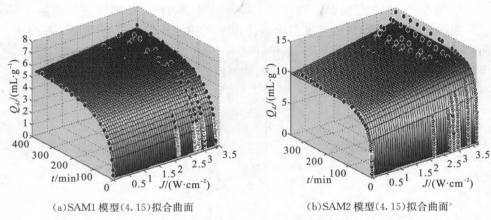

（a）SAM1 模型（4.15）拟合曲面　　　　　　　（b）SAM2 模型（4.15）拟合曲面

图 4.36　　模型（4.15）三维拟合曲面

表 4.21　模型（4.15）拟合参数

煤样	模型（4.15）参数			
	$Q_{d\infty}/$（mL·g^{-1}）	B/min^{-1}	K_d	相关系数 r
SAM1	5.6	0.0111	0.0493	0.998
SAM2	9.82	0.0575	0.0871	0.980

4.5　本章小结

（1）实验研究得出：煤体中存在大量裂隙和孔隙，裂隙有面割理和端割理，大裂隙与大量微裂隙连通，形成裂隙网络，各条裂隙宽度、长度不同。被裂隙切割成的煤基质块之间存在大量孔隙，孔隙分为微孔、小孔、中孔和大孔，微孔所占的体积小，但是占的比表面积大，小孔和中孔所占的体积大，但是占的比表面积小。累计孔容、累计比表面积与平均孔径分布特性为双曲线。微孔隙和微裂隙是煤层气赋存的场所，大孔隙和大裂隙是煤层气产出的通道，因此煤体孔隙和裂隙的发育程度是煤层气可采性的主要条件。

（2）在不同声强、不同频率声波作用下煤样吸附甲烷特性曲线与不加声场规律一致，随声强的增大，煤吸附甲烷量逐渐减少。Langmuir 方程和 D-R 方程能较好的描述煤吸附甲烷特性，模型参数 a、K'、Q_m、Q_n 随着声强的增大而减小，且与声强呈线性递减关系，引入修正项（$1-K_aJ$），建立了声场作用下煤吸附甲烷模型。

（3）不同温度条件下煤中甲烷解吸特性的实验研究表明，随温度的增加，甲烷分子动能增大，煤对甲烷的吸附能力降低，有利于甲烷从煤中解吸出来。解

吸模型参数 α_1、$Q_{d\infty}$、Q_∞ 随温度的增加而增大，参数 B 与 b_0 随温度的增加而减小。

(4)不加声波作用和声波作用下煤中甲烷解吸规律一致，声强越大，煤层气解吸总量增加，其解吸规律可以用经验公式、扩散模型、渗透模型、解吸-扩散模型来描述，且扩散模型能较好的反映煤中甲烷的解吸特性，模型参数 α_1，$Q_{d\infty}$，Q_∞ 随着声强的增大而增大，而且与声强 J 呈线性递增关系，在现有解吸模型的基础上引入了与声强有关的修正项 $(1+K_dJ)$，建立了声场作用下煤中甲烷解吸模型。

(5)分析了不加声波和声波作用下煤层气解吸速率与时间的关系曲线，得出：甲烷的初始解吸速度较大，随着时间的增大，解吸速率逐渐减小，最终趋于 0，且声强增大，甲烷解吸衰减得越快，表明声波作用可以促进煤层气的解吸。

第5章 声震法促进煤层气解吸扩散的机理

煤层是一种典型的双重介质，煤基质中存在大量孔隙和微裂隙，具有很大的比表面积，对煤层气具有极强的吸附能力，煤层气主要以物理吸附的形式吸附在煤基质的内表面。煤体中存在相互垂直的两组割理，即面割理和端割理，煤基质块表面和块内微孔是煤层气的主要储存空间，而割理是为煤层气流动的通道，因此煤层是孔隙-裂隙的双重介质。而声波的机械振动和热效应作用可以改变煤体的微观孔隙和裂隙结构，从而有利于煤层气在煤体中解吸、扩散和流动，本章将重点研究声震法促进煤层气解吸、扩散的机理。

5.1 煤层气扩散

煤层气是一种压力圈闭气藏，在压力作用下，煤层气以物理吸附的形式吸附在煤基质的内表面上，煤储层中压力的降低是导致煤层气解吸、扩散、运移的直接原因，它使甲烷分子从煤基质的内表面解吸，从煤基质向割理扩散，然后在割理中运移。煤层中除有煤层气存在外，还有水存在，煤层中的水以两种相态形式存在，即基质中的束缚水和割理系统中的游离水，煤储层的降压是通过抽取煤层割理系统中游离水来实现的，煤层气流入生产井筒需经历以下三个过程。

（1）在抽水降压作用下，煤层气由基质的内表面解吸；

（2）在浓度差的作用下，煤层气由基质中的微孔隙向割理扩散；

（3）在流体势的作用下，煤层气通过割理系统流向生产井筒。

煤层气运移全过程如图5.1所示。

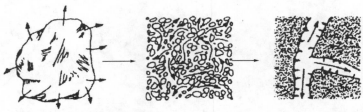

从煤的内表面解吸　　通过煤基质和微孔隙扩散　　在裂隙网络中流动

图5.1　煤层气运移过程

煤层气运移全过程包括解吸、扩散、流动三个过程。其中解吸是煤储层中吸附的煤层气,当煤层气压力降低时,被吸附的瓦斯分子从煤的内表面脱离,解吸出来进入游离相。扩散是瓦斯分子从高浓度区向低浓度区的运动过程,根据诺森数可以将扩散分为三种模型,诺森数[108]为

$$Kn = \frac{d}{\lambda} \tag{5.1}$$

式中,Kn 为诺森数;d 为煤体中孔隙直径,m;λ 为气体分子的平均自由程,m。

式(5.1)中,当 $Kn \geqslant 10$ 时,孔隙直径远大于瓦斯分子的平均自由程,此时瓦斯气体分子的碰撞发生在自由瓦斯气体分子之间,而分子和毛细管壁的碰撞机会相对较少,扩散仍遵循菲克定理,称为菲克扩散(Fick's Diffusion);当 $Kn \leqslant 0.1$ 时,分子的平均自由程大于孔隙直径,瓦斯分子和孔隙壁之间的碰撞占主导地位,而分子之间的碰撞降为次要,此扩散不再遵循菲克定理,即诺森扩散(Knudsen's Diffusion)。当 $0.1 < Kn < 10$ 时,孔隙直径与瓦斯分子的平均自由程相近,分子之间的碰撞和分子与壁面的碰撞同等重要,此时是介于菲克型与诺森扩散之间的过渡型扩散。因煤是一种良好的吸附剂,当瓦斯分子被强烈地吸附于煤的固体表面时,就产生表面扩散。对吸附性极强的煤来说,表面扩散占有很大比重。当孔隙直径与瓦斯分子尺寸相差不大,压力足够大时,瓦斯气体就会进入微孔隙以固溶体存在,发生晶体扩散。此种扩散在煤体扩散中一般比较小。

5.1.1　Fick 型扩散

考虑相互接触的两种流体,左侧为流体 1,右侧为流体 2。若界面张力为零,由于分子存在着依赖绝对温度的随机运动,流体 1 的一些分子越过界面进入右侧,流体 2 也有一些分子越过界面进入左侧。这种过程不断进行直至形成两种流体的均匀混合,这种传质过程称为"分子扩散"。设混合物中一种组分相对于混合物的质量平均速度为 v_a,组分 $i(i=1, 2)$ 的粒子速度为 v_i,则 $v_i - v_a$ 称为组分 i 的扩散速度。再定义浓度,设流体混合物体积为 V,质量为 m,其中流体 1 和 2 的质量分别为 m_1,m_2,则第 i 种组分的相对浓度定义为 $c_i = m_i/V$。于是组分 i 的扩散通量 J_i 定义为

$$J_i = c_i(v_i - v_a) \tag{5.2}$$

根据上述描述可知:分子的扩散通量依赖于相对浓度 c_i,确切地说,单位时间内流过单位面积的气体质(扩散通量)与浓度梯度成正比,即

$$\frac{1}{A_1}\frac{dm_i}{dt} = -D'\frac{\partial c_i}{\partial x} \tag{5.3}$$

式中,D' 为质量扩散系数,$m^2 \cdot s^{-1}$;A_1 为截面积,m^2;$\frac{1}{A_1}\frac{dm_i}{dt}$ 为质量扩散通

量 J_i。

则式(5.3)为 Fick 扩散定律的一种表达形式，由式(5.2)、式(5.3)可得

$$v_i - v_a = -\frac{-D'}{c_i} \nabla c_i \quad \text{或} \quad J_i = -D' \nabla c_i \tag{5.4}$$

对于整体的流体而言，去掉下标 i。则 Fick 第一扩散定律为

$$v - v_a = -\frac{-D'}{c} \nabla c \quad \text{或} \quad J = -D' \nabla c \tag{5.5}$$

对于流体在宏观上处于静止时，质量平均速度 $v_a = 0$，则有扩散速度 v 为

$$v = -\frac{-D'}{c} \nabla c \tag{5.6}$$

根据质量守恒定律，组分 i 的热运动方程为

$$\frac{\partial(\rho_i \varphi)}{\partial t} = \nabla \cdot (\rho_i \varphi v_i) = \rho_i q \tag{5.7}$$

式中，q 为源汇强度；ρ_i 为组分 i 流体密度；φ 为孔隙度；t 为时间。

式(5.7)中的 ρ_i 可以用浓度 c_i 代替，则

$$\frac{\partial(c_i \varphi)}{\partial t} = \nabla \cdot (c_i \varphi v_i) = \nabla \cdot (D' \nabla c_i) \tag{5.8}$$

对于整体的流动系统而言，去掉下标 i，则有

$$\frac{\partial(c \varphi)}{\partial t} = \nabla \cdot (c \varphi v) = \nabla \cdot (D' \nabla c) \tag{5.9}$$

则式(5.9)为 Fick 第二扩散定律的普遍形式。对于流体在宏观上处于静止时，质量平均速度 $v_a = 0$，并孔隙度与时间 t 无关，则

$$\varphi \frac{\partial c}{\partial t} = \nabla \cdot (D' \nabla c) \tag{5.10}$$

对于平面径向和球形径向扩散运动，令 $D'/\varphi = D_F$，则上式可分别写成

$$\frac{\partial c}{\partial t} = \frac{D_F}{r} \frac{\partial}{\partial r}\left(r \frac{\partial c}{\partial r}\right) \tag{5.11}$$

$$\frac{\partial c}{\partial t} = \frac{D_F}{r^2} \frac{\partial}{\partial r}\left(r^2 \frac{\partial c}{\partial r}\right) \tag{5.12}$$

式中，c 为煤层气浓度，$kg \cdot m^{-3}$；D_F 为扩散系数，$m^2 \cdot s^{-1}$；r 为煤粒半径，m；t 为时间，s。

对于 Fick 第二扩散定律作如下假设：煤粒由球形颗粒组成；煤为各向同性均质体；煤层气流动遵循质量守恒定律、连续性原理；煤中煤层气解吸为等温等压解吸过程，忽略浓度 c 和时间 t 对扩散系数的影响。

1)初始条件[109]

当煤粒吸附煤层气达到平衡时，其浓度达到一定值且突然暴露在大气压下，

煤粒表面气体浓度降低，这时在煤粒的半径方向上形成浓度差，吸附状态的煤层气就转变为游离状态，随即产生煤层气由煤粒中心向表面的扩散，此过程是非稳态的，其初始条件为

$$0 < r < r_0, \qquad c\mid_{t=0} = c_0 = \frac{abP_0}{1+bP_0} \tag{5.13}$$

式中，r_0 为煤粒半径，m；a，b 为 Langmuir 常数；P_0 为初始平衡压力，Pa；c_0 为初始平衡浓度，kg·m^{-3}；t 为时间，s。

2）边界条件[109]

边界条件一：在颗粒中心处，根据煤层气的扩散特点，其边界条件为

$$\frac{\partial c}{\partial t}\Big|_{r=0} = 0 \tag{5.14}$$

边界条件二：对于煤粒表面，与煤粒裂隙间的游离瓦斯的质交换服从对流质交换定律：

$$J = -D_F \frac{\partial C}{\partial r} \tag{5.15}$$

式中，J 为煤层气扩散能量，kg·m^{-2}。

所以，在煤粒表面有

$$\begin{cases} -D_F \dfrac{\partial c}{\partial r} = \alpha(c-c_f)\mid_{r=r_0} \\ c_f = P_f/RT \end{cases} \tag{5.16}$$

式中，α 为煤粒表面瓦斯与游离瓦斯的质交换系数，m·s^{-1}；c_f 为煤粒间裂隙中游离煤层气浓度，kg·m^{-2}；P_f 为煤粒间裂隙中游离煤层气压力，Pa；R 为气体常数，J·(kg·K)$^{-1}$；T 为绝对温度，K。

3）煤层气扩散的物理数学模型[109]

根据以上分析，球坐标下煤层扩散的物理数学模型为

$$\begin{cases} \dfrac{\partial c}{\partial t} = D_F \left(\dfrac{\partial^2 c}{\partial r^2} + \dfrac{2}{r} \dfrac{\partial c}{\partial r} \right) \\ t = 0, 0 < r < r_0, c = c_0 \dfrac{abP_0}{1+bP_0} \\ t > 0, \dfrac{\partial c}{\partial t}\Big|_{r=0} = 0 \\ -D_F \dfrac{\partial c}{\partial r} = \alpha(c-c_f)\mid_{r=r_0} \end{cases} \tag{5.17}$$

式(5.17)为二次抛物型方程，可以用分离变量法求解，其解为

$$\frac{c-c_f}{c_0-c_f} = \frac{2r_0}{r} \sum_{n=1}^{\infty} \frac{\sin\beta_n - \beta_n\cos\beta_n}{\beta_n^2 - \beta_n\sin\beta_n\cos\beta_n} \sin\left(\frac{\beta_n r}{r_0}\right) e^{-\beta_n^2 F_0'} \tag{5.18}$$

式中，F_0' 为传质傅里叶级数，$F_0' = D_F t / r_0^2$，F_0' 大，说明气体在物体内扩散速率大，传质速度快，浓度扰动波及范围大，反之则扩散速率小，传质速度慢，浓度扰动波及范围小；β_n 为超越方程，是 $\mathrm{tg}\beta = \beta/(1 - \alpha r_0/D_F) = \beta/(1 - B_i')$ 的一系列解，$B_i' = \alpha r_0/D_F$，其中 B_i' 为传质毕欧准数，从物体内外扩散阻力的大小，表征了物体扩散场的特点。B_i' 小，说明物体内部扩散阻力小，扩散能力强，气体在物体内部扩散浓度就越一致，内外扩散浓度差就小，反之物体内部扩散阻力大，扩散能力弱，内外扩散浓度差就大。

式 (5.18) 可以计算 t 时刻煤层气扩散量 Q_t，由球坐标积分得

$$Q_t = \iiint\limits_V (c_0 - c)\,\mathrm{d}V = \frac{4}{3}\pi r_0^3 (c_0 - c_f)\left[1 - 6\sum_{n=1}^{\infty} \frac{(\beta_n \cos\beta_n - \sin\beta_n)^2}{\beta_n^2(\beta_n^2 - \beta_n \sin\beta_n \cos\beta_n)} \mathrm{e}^{-\beta_n^2 F_0'}\right]$$

$$(5.19)$$

式 (5.19) 中当 $t \to \infty$ 时，得煤层气极限扩散量为

$$Q_t = \lim_{t \to \infty} Q_t = \frac{4}{3}\pi r_0^3 (c_0 - c_f) \tag{5.20}$$

由式 (5.19)、式 (5.20) 可得

$$\frac{Q_t}{Q_\infty} = 1 - 6\sum_{n=1}^{\infty} \frac{(\beta_n \cos\beta_n - \sin\beta_n)^2}{\beta_n^2(\beta_n^2 - \beta_n \sin\beta_n \cos\beta_n)} \mathrm{e}^{-\beta_n^2 F_0'} \tag{5.21}$$

式 (5.21) 是一个级数形式的解，当 $F_0' > 0$ 时，式 (5.21) 是收敛很快的级数，取第一项即可满足工程精度要求，则可化简为

$$1 - \frac{Q_t}{Q_\infty} = 6\frac{(\beta_1 \cos\beta_1 - \sin\beta_1)^2}{\beta_1^2(\beta_1^2 - \beta_1 \sin\beta_1 \cos\beta_1)} \mathrm{e}^{-\beta_1^2 F_0'} \tag{5.22}$$

两边取对数整理可得

$$\ln(1 - Q_t/Q_\infty) = -\lambda t + \ln A_2 \tag{5.23}$$

$$A_2 = \frac{6(\beta_1 \cos\beta_1 - \sin\beta_1)^2}{\beta_1^2(\beta_1^2 - \beta_1 \sin\beta_1 \cos\beta_1)} \qquad \lambda = \frac{\beta_1^2}{r_0^2} D_F \tag{5.24}$$

根据第 4 章图 4.28、图 4.30、图 4.31 的实验数据，回归分析得到了在不加声场和加声场作用下甲烷扩散参数 λ、A_2 值。图 5.2 为图 4.28（b）实验数据对公式 (5.23) 的拟合结果，图 5.3 为图 4.30 实验数据（气压为 3MPa）对公式 (5.23) 的拟合结果。图 5.4、图 5.5 为图 4.31 实验数据对公式 (5.23) 的拟合结果。从图 5.2～图 5.5 可以看出拟合效果很好，相关性系数均在 0.9 以上。表 5.1 为图 4.28（b）不同频率在不加声场与加声场作用下煤层气扩散参数计算值，表 5.2 为图 4.30 不同气压下在不加声场与加声场作用下煤层气扩散参数计算值，表 5.3 为图 4.31 不同声强作用下煤层气扩散参数计算值。从表 5.1～表 5.3 中可以看出，声场作用传质毕欧准数 B_i' 比不加声场要小，说明声场作用使煤体内部扩散阻力减小，扩散能力增强，气体在物体内部扩散浓度就越一致，内外扩散浓度差小。图 5.6 为扩散系数 D_F 与气压 P 曲线，从图 5.6 中可以看出：相同

气压下，声场作用扩散系数 D_F 比不加声场要大，即传质傅里叶级数 F_0' 增大（图 5.7 中可知，相同时间，加声场作用的 F_0' 值大于不加声场作用），F_0' 值增大，说明气体在物体内扩散速率大，传质速度快，浓度扰动波及范围大。

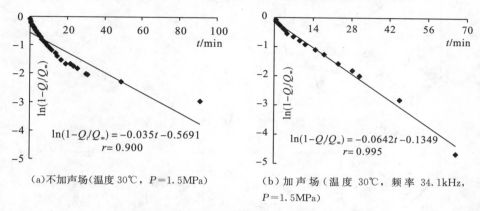

（a）不加声场（温度 30℃，$P=1.5$MPa）　　（b）加声场（温度 30℃，频率 34.1kHz，$P=1.5$MPa）

图 5.2　甲烷气扩散参数（图 4.28（b）实验数据）

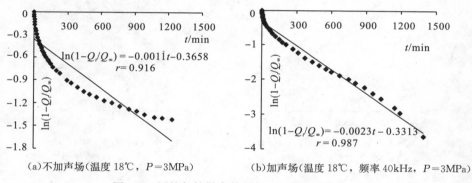

（a）不加声场（温度 18℃，$P=3$MPa）　　（b）加声场（温度 18℃，频率 40kHz，$P=3$MPa）

图 5.3　甲烷气扩散参数（图 4.30 实验数据）

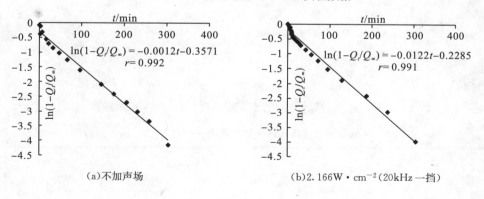

（a）不加声场　　（b）2.166W·cm^{-2}（20kHz 一挡）

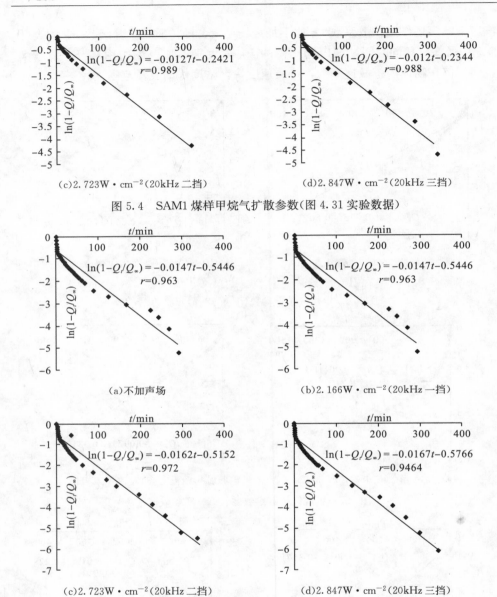

(c)2.723W·cm⁻²(20kHz 二挡)　　　　(d)2.847W·cm⁻²(20kHz 三挡)

图 5.4　SAM1 煤样甲烷气扩散参数(图 4.31 实验数据)

(a)不加声场　　　　　　(b)2.166W·cm⁻²(20kHz 一挡)

(c)2.723W·cm⁻²(20kHz 二挡)　　　　(d)2.847W·cm⁻²(20kHz 三挡)

图 5.5　SAM2 煤样甲烷气扩散参数(图 4.31 实验数据)

表 5.1　不加声场与加声场作用煤层气参数值(图 4.28(b)实验数据)

参　数 项　目	λ/min^{-1}	A_2	B_i'	$\alpha/(1\times10^{-3}$ $\text{mm}\cdot\text{min}^{-1})$	$D_F/(1\times10^{-5}$ $\text{mm}^2\cdot\text{min}^{-1})$
不加声场，30℃	0.0350	0.5660	29.017	27.5871	23.7680
加声场 27.7kHz，30℃	0.0556	0.8526	5.022	10.5487	52.5055

参　数 项　目	λ/min^{-1}	A_2	B_i'	$\alpha/(1\times10^{-3}$ $\text{mm}\cdot\text{min}^{-1})$	$D_F/(1\times10^{-5}$ $\text{mm}^2\cdot\text{min}^{-1})$
加声场 34.1kHz，30℃	0.0642	0.8738	4.290	11.0785	64.5505
加声场 40kHz，30℃	0.0544	0.8490	5.171	10.5129	50.8191

表 5.2　不加声场与加声场作用下煤层气参数值（图 4.30 实验数据）

参　数 项　目	λ/min^{-1}	A_2	B_i'	$\alpha/(1\times10^{-3}$ $\text{mm}\cdot\text{min}^{-1})$	$D_F/(1\times10^{-5}$ $\text{mm}^2\cdot\text{min}^{-1})$
不加声场/1MPa	0.0012	0.6383	58.576	1.8428	0.7865
加声场/1MPa	0.0030	0.6932	19.754	1.6641	2.1060
不加声场/2MPa	0.0012	0.6360	63.553	1.9939	0.7844
加声场/2MPa	0.0025	0.7543	10.553	0.8111	1.9216
不加声场/3MPa	0.0011	0.6936	19.643	0.6071	0.7726
加声场/3MPa	0.0023	0.7180	14.820	0.9909	1.6716

表 5.3　不同声强作用下甲烷扩散参数值（图 4.31 实验数据）

煤样	声强 $J/(\text{W}\cdot\text{cm}^{-2})$	λ/min^{-1}	A_2	B_i'	$D_F/(1\times10^{-5}$ $\text{mm}^2\cdot\text{min}^{-1})$	相关系数 r
SAM1	0	0.0121	0.6997	18.3560	15.7259	0.992
	2.166	0.0110	0.7904	7.9233	16.5528	0.991
	2.723	0.0112	0.7967	7.5339	17.0756	0.989
	2.847	0.0121	0.7873	8.0845	18.1162	0.988
	3.032	0.0127	0.7849	8.2518	18.9187	0.991
	3.404	0.0127	0.8015	7.3124	19.5187	0.988
SAM2	0	0.0147	0.5801	20.3008	16.6038	0.963
	2.166	0.0162	0.5595	11.8992	17.9024	0.952
	2.723	0.0162	0.5974	11.8515	18.6238	0.972
	2.847	0.0167	0.5966	11.8042	19.1864	0.973
	3.000	0.0173	0.5822	12.0936	19.5774	0.968
	3.360	0.0178	0.5790	12.1931	20.0801	0.973
	3.651	0.0183	0.5706	12.0445	20.4769	0.977

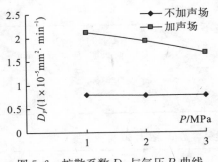

图 5.6　扩散系数 D_F 与气压 P 曲线

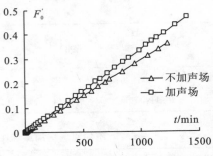

图 5.7　传质傅里叶级数 F_0' 与时间 t 曲线

5.1.2　Knudsen 型扩散

当 $Kn \leqslant 0.1$ 时，瓦斯气体在煤层中的扩散属于 Knudsen 扩散。根据分子运动论，在半径为 r 的孔隙内，由于壁面的散射而引起的瓦斯分子扩散系数为[109]

$$D_k = \frac{2}{3} r \sqrt{\frac{8RT}{\pi M}} \tag{5.25}$$

式中，D_k 为 Knudsen 扩散系数；r 为孔隙平均半径，m；R 为普适气体常数；T 为绝对温度，K；M 为瓦斯分子量。

从式(5.25)可以看出，Knudsen 系数与煤的结构和温度等有关。根据第 6 章中图 6.44 声波热效应实验结果，计算了声场作用下煤体温度升高 Knudsen 扩散系数与温度的关系，如图 5.8 所示。从图中可以看出：随着声场的作用时间增长，煤体的温度增加，Knudsen 扩散系数增大。从而说明声场作用有利于煤层气在微孔隙中的扩散。

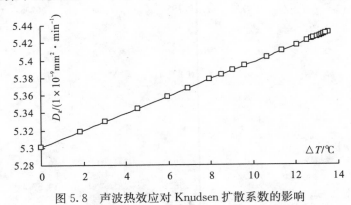

图 5.8　声波热效应对 Knudsen 扩散系数的影响

5.1.3　过渡型扩散

当 $0.1 < Kn < 10$ 时，孔隙直径与瓦斯气体分子的平均自由程相近，分子之间的碰撞和分子与壁面的碰撞同样重要，扩散过程受两种扩散机理的制约，在

恒压下，其有效扩散系数与 Fick 扩散和 Knudsen 扩散系数的关系为

$$D_p = \left(\frac{1}{D_F} + \frac{1}{D_k} \right) - 1 \tag{5.26}$$

5.2　双扩散模型

前面所提出的扩散模型为单一扩散模型，基本假设条件为：等温吸附；均匀孔隙结构；同一煤样扩散系数为常数，与浓度、位置无关。运用 Fick 第二定律和边界条件可以求数值解。

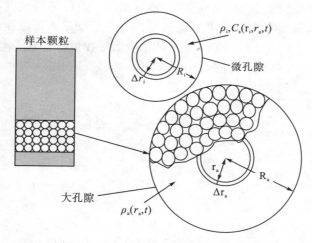

图 5.9　双重扩散孔隙结构概念模型[120]

双扩散模型是 Ruckenstein 等[110] 1971 年首次提出，模型是由小球形颗粒组成的多孔介质系统。C. R. Clarkson 和 R. M. Bustin[111] 对双扩散模型的假设为：煤孔隙结构具有双重孔隙；吸附剂颗粒为包括球形微颗粒的等半径微孔介质，微颗粒之间由大孔隙构成，如图 5.9 所示；大孔隙和微孔隙均存在线性等温吸附；边界浓度为阶梯状的变化。扩散过程为气体首先从包含微孔隙球体由大孔隙球体中微孔隙球体向外流出，接着气体在微孔隙球体之间的空间流动，直到气体到达大孔隙球体。

对于双扩散模型，文献 [112] 根据初始和边界条件，定义相应的无因次参数和变量，引入 Laplace 变换后，双扩散模型可以简化为[112]

$$\frac{Q}{Q_\infty} = \frac{\left\{ 1 - \dfrac{6}{\pi} \sum\limits_{n=1}^{\infty} \dfrac{1}{n^2} \exp(-n^2\pi^2\tau) + \dfrac{1}{3}\left(\dfrac{\beta}{\alpha}\right)\left[1 - \dfrac{6}{\pi^2} \sum\limits_{n=1}^{\infty} \dfrac{1}{n^2} \exp(-n^2\pi^2\alpha\tau) \right] \right\}}{1 + \dfrac{1}{3}\left(\dfrac{\beta}{\alpha}\right)}$$

$$\tag{5.27}$$

式中，$\dfrac{Q}{Q_\infty}$ 变化取决于参数 α 和 β；α、β 为无因次参数，$\alpha = \dfrac{D_i}{r_i^2} / \dfrac{D_a}{r_a^2}$，$\beta = \dfrac{3(1-\varphi_a)\varphi_i}{\varphi_a}\dfrac{r_a^2 D_i}{r_i^2 D_a}$，$D_i$ 为小孔隙扩散系数，D_a 为大孔隙扩散系数，r_i 为小孔隙半径，r_a 为大孔隙半径，φ_i 为小孔隙孔隙度，φ_a 为大孔隙孔隙度；τ 为无因次时间。

当 $\alpha < 10^{-3}$，大孔隙扩散很快结束，小孔隙扩散占优势；当 $10^{-3} < \alpha < 10^2$，大孔隙扩散和微孔隙扩散均出现；当 $\alpha > 10^2$，大孔隙扩散占优势。进一步研究发现，当扩散达到平衡时，反映大孔隙球体和小孔隙球体扩散的比率的参数 β/α 很小时，可以忽略微孔隙球体引起的扩散。相反，可以忽略大孔隙球体引起的扩散。该双扩散模型存在两个方面的问题：一是模型是否可以用于高压情况下的体积吸附实验；二是 CH_4、CO_2 等气体的吸附往往更符合非线性等温吸附，将其处理为线性扩散显然不够合理。因此 C. R. Clarkson 和 R. M. Bustin[111] 在此基础上建立了较完善的双扩散模型：

$$\begin{cases} \dfrac{D_a}{r_a^2}\dfrac{\partial}{\partial r_a}\left[r_a^2\dfrac{\partial}{\partial r_a}(\varphi_a\rho_a)\right] = \dfrac{\partial}{\partial t}(\varphi_a\rho_a) + \dfrac{3(1-\varphi_a)\varphi_i}{R_i\varphi_a}D_i\left(\dfrac{\partial\rho_i}{\partial r_i}\Big| r_i = R_i\right) \\ \dfrac{D_i}{r_i^2}\dfrac{\partial}{\partial r_i}\left[r_i^2\dfrac{\partial}{\partial r_i}(\varphi_i\rho_i)\right] = \dfrac{\partial}{\partial t}(\varphi_i\rho_i + C_s) \end{cases}$$

$$(5.28)$$

模型的初始条件为

$$\begin{cases} \rho_a(0,r_a) = \rho_0 = \rho_i(0,r_i) \\ C_s(0,r_i) = C_{so} \end{cases} \tag{5.29}$$

模型的边界条件为

$$\dfrac{\partial}{\partial r_a}(\varphi_a\rho_a) = 0 \quad t = 0 \tag{5.30}$$

$$\dfrac{\partial}{\partial r_i}(\varphi_i\rho_i) = 0 \quad t = 0 \tag{5.31}$$

$$V_v\dfrac{\partial\rho_a}{\partial t} = -N4\pi R_a^2 D_a\varphi_a\dfrac{\partial\rho_a}{\partial r_a}\Big|_{r_a=R_a} \tag{5.32}$$

$$\rho_i(t,R_i) = \rho_a(t,r_a) \tag{5.33}$$

以上建立的双扩散模型可以较清楚地描述煤层气、CO_2、N_2 等气体在煤体中的扩散问题，但是在建立扩散数学模型时，首先是将大孔隙和微孔隙用不同的方程来表示其扩散方程；其次，考虑因素多（如孔隙表面积、系统煤颗粒数量）且不易量度。因此文献［9］提出了简化双孔隙扩散模型：

1)假设条件

(1)等温系统；

(2)煤颗粒被视为由微孔介质全部穿透彼此连接的孔隙网络组成，并且其中大孔、微孔介质的固相部分吸附一定体积的甲烷，同时忽略甲烷在大孔隙中的吸附容量；

(3)煤颗粒外形为球形颗粒且大小均匀；

(4)甲烷的传递由大孔隙扩散和微孔隙扩散组成；吸附仅仅发生在微孔隙之中，且符合 Langmuir 等温吸附式；

(5)孔隙处于非压缩状态，孔隙体积在整个过程中不发生变化，不考虑由于吸附而引起的孔隙收缩；

(6)甲烷在传递过程中，考虑为理想气体，符合 Fick 第一定律。

2)简化双扩散模型

简化双扩散模型为

$$\varphi \frac{\partial C}{\partial t} + (1-\varphi) \frac{\partial C_\mu}{\partial t} = \varphi D_a \frac{1}{r^2} \frac{\partial}{\partial r}\left(r^2 \frac{\partial C}{\partial r}\right) + (1-\varphi) D_i \frac{1}{r^2} \frac{\partial}{\partial r}\left(r^2 \frac{\partial C_\mu}{\partial r}\right)$$

(5.34)

式中，C、C_μ 分别为大孔隙和微孔隙中游离气体浓度和吸附气浓度，$mol \cdot cm^{-3}$；D_a、D_i 分别为表征大孔隙和微孔隙中气体扩散能力的扩散系数，$cm^2 \cdot s^{-1}$；φ 为煤层孔隙度，无因次。

公式(5.34)左边第一项表示甲烷在孔隙度为 φ 的大孔隙中的聚集和扩散的质量流量，第二项表示甲烷在系统($1-\varphi$)的微孔隙部分中的聚集和扩散质量流量；右边第一项表示甲烷在大孔隙中的扩散过程，D_a 则反应甲烷在煤样大孔隙中的扩散能力，为一常数；第二项表示甲烷在煤样微孔隙中的扩散过程，D_i 则反应甲烷在煤样微孔隙中的扩散能力。

将 Langmuir 吸附方程代入式(5.34)中，整理可得

$$\begin{cases} \left[\varphi + \frac{(1-\varphi)C_{\mu s}b'}{(1+b'C)^2}\right]\frac{\partial C}{\partial t} = \varphi D_a \frac{1}{r^2} \frac{\partial}{\partial r}\left(r^2 \frac{\partial C}{\partial r}\right) + \frac{(1-\varphi)C_{\mu s}b'D_i}{(1+b'C)^2} \frac{1}{r^2} \frac{\partial}{\partial r}\left(r^2 \frac{\partial C}{\partial r}\right) \\ \frac{\partial C}{\partial r}\Big|_{r=0} = 0 \\ C\big|_{r=R} = 0 \\ C\big|_{t=0} = C_0 \end{cases}$$

(5.35)

式中，b' 为 Langmuir 浓度，$cm^3 \cdot mol^{-1}$；$C_{\mu s}$ 为最大吸附浓度(Langmuir 浓度)，$mol \cdot cm^{-3}$。

将公式(5.35)和 Fick 第二定律对比，引入一个视扩散系数 D_f，可以写为

$$\frac{\partial C}{\partial t} = \frac{D_f}{r^2}\frac{\partial}{\partial r}\left(r^2\frac{\partial C}{\partial r}\right) \tag{5.36}$$

式中

$$D_f = \frac{D_a + \left(\frac{1-\varphi}{\varphi}\right)\left(\frac{\partial C_\mu}{\partial C}\right)D_i}{1 + \left(\frac{1-\varphi}{\varphi}\right)\left(\frac{\partial C_\mu}{\partial C}\right)} = \frac{D_a + \left(\frac{1-\varphi}{\varphi}\right)\left(\frac{C_{\mu s}b'}{(1+b'C)^2}\right)D_i}{1 + \left(\frac{1-\varphi}{\varphi}\right)\left(\frac{C_{\mu s}b'}{(1+b'C)^2}\right)} \tag{5.37}$$

即方程(5.35)可以简化为单一孔隙模型,从式(5.37)看出:视扩散系数 D_f 反映的是气体在多孔介质煤中流动时,大孔隙扩散系数、微孔隙扩散系数及气体浓度对气体扩散的综合影响。由于气体吸附和扩散是发生在微孔隙之中,所以,视扩散系数是时间、空间的函数。

引入以下无因次变量:

$$c = \frac{C}{C_o}, \quad c_\mu = \frac{C_\mu}{C_{\mu o}}, \quad x = \frac{r}{R}, \quad \tau = \frac{\delta_1 D_a t}{R^2} \tag{5.38}$$

$$\delta_1 = \frac{1}{1 + \frac{(1-\varphi)}{\varphi}\frac{C_{\mu o}}{C_o}}, \quad \delta_2 = 1 - \delta_1, \quad \varepsilon = \frac{(1-\varphi)}{\varphi}\frac{C_{\mu o}}{C_o}\frac{D_i}{D_a} \tag{5.39}$$

式中,C_o 为 $t=0$ 时的甲烷浓度。

于是方程(5.36)的无因次形式可以写为

$$\begin{cases} \delta_1\frac{\partial c}{\partial \tau} + \delta_2\frac{\partial c_\mu}{\partial \tau} = \frac{1}{x^2}\frac{\partial}{\partial x}\left(x^2\frac{\partial c}{\partial x}\right) + \frac{\varepsilon}{x^2}\frac{\partial}{\partial x}\left(x^2\frac{\partial c_\mu}{\partial x}\right) \\ \frac{\partial c}{\partial x}\big|_{x=0} = 0 \\ c\big|_{x=1} = 0 \\ c\big|_{\tau=0} = 1 \end{cases} \tag{5.40}$$

式中,δ_1、δ_2 为反映双扩散煤样中大孔隙、微孔隙的储容能力;ε 为气体在微孔隙介质中的质量流量的强度。

文献 [9] 通过建立的简化双扩散模型,编写了 Matlab 应用程序,数值分析了不加声场和加声场作用下甲烷气的解吸扩散规律,建立的模型能很好地描述甲烷气的解吸扩散规律。并且在声场作用下,单一孔隙扩散模型的有效扩散系数,加声场比无声场高 16% 左右;采用简化双扩散模型得到的大孔隙扩散系数比无声场得到的值高 15% 左右,微孔隙扩散系数比无声场得到的值高 35% 左右,分析说明,声场作用有助于促进煤层气的脱附。

5.3　本章小结

煤层是一种典型的双重介质，煤基质中存在大量孔隙和微裂隙，根据诺森数，煤层气在煤体中的扩散分为菲克扩散、诺森扩散和过渡型扩散。扩散模型有单一扩散模型和双扩散模型等，模型的数值求解得出：在声场作用下，单一扩散模型的传质毕欧准数比不加声场要小，扩散系数比不加声场要大，说明声场作用使煤体内部扩散阻力减小，传质速度加快，扩散能力增强。双扩散模型能很好地描述煤层气的解吸扩散规律，在声场作用下，双扩散模型得到的大孔隙扩散系数比不加声场高 15％ 左右，微孔隙扩散系数比不加声场高 35％ 左右，也能说明，声场作用有助于促进煤层气的解吸扩散。

第6章　声震法提高煤储层渗透率的机理

煤层气的渗透性与应力、温度、孔隙压力、物理场激励等因素有关，国内外学者对应力、温度、孔隙压力作用下煤层气的渗透特性研究较多。在物理场激励方面研究了静电场、交变电场、电磁场、声场作用下煤层气的渗透性，其中声场作用下煤层气的渗透特性国内外研究较少。本章采用实验研究、理论研究、数值模拟相结合，揭示声震法提高煤层渗透率的机理。

6.1　煤层气的渗透特性与渗流方程

6.1.1　煤层气的渗透特性

煤层气以吸附态和游离态赋存在煤体中，煤层气的运移包括解吸、扩散和渗流三个连续的过程，煤层气在煤层中渗流时，煤体吸附CH_4将产生膨胀和收缩，不仅引起煤体的孔隙结构发生变化，而且引起煤层割理和裂缝发生变化，这种变化将对煤层的渗透率和孔隙度产生明显的影响，引起煤体体积膨胀和收缩的原因主要有下列因素：①气体的吸附和脱附；②气体的类型；③煤体所处的应力环境；④温度；⑤物理场激励。各因素影响分析如下。

1）煤样吸附和脱附气体的膨胀和收缩

1955年，Moffat和Weale[113]实验研究了煤吸附CH_4时将产生径向膨胀和横向膨胀，实验中保证煤样煤层面处于平行或垂直状态，通过测定煤样的视膨胀计算煤样的体积膨胀和收缩。分别测试了低阶煤、无烟煤吸附CH_4，气体压力为0.7MPa时的体积膨胀量。试验结果表明，当压力在15.0~20.0MPa，对于煤层面垂直的情况，煤样的体积膨胀为0.2%~1.6%；高阶煤的膨胀明显小于低阶煤，对平行于煤层面的煤样，体积膨胀小于垂直于煤层面的煤样。1971年，Czaplinshi[114]通过实验验证了煤的吸附动能和煤样体积膨胀之间的关系，通过测试平行和垂直于煤层面的煤样得到，低压时，CO_2的吸附引起的应变比膨胀引起的应变要快，而高气压时（>4.0MPa），二者则同时出现。1996年，

Lama 和 Bodziong[115]在 Czaplinshi 的基础上，进一步解释了形成低气压和高气压段不同特征的原因，这种特征可以概括为：当煤样处于初始低气压阶段时，气体仅仅进入煤孔隙的大孔隙部分，煤样的体积变化很小，当煤样处于高气压阶段，压力促使气体进入煤样的微孔部分，煤样的膨胀加剧开始出现。Mahajan[116]、Reucroft 和 Patel[117]提出了煤样的孔隙度和煤样的体积变化具有一定的关系，并且 Reucroft 在 1983 发表的文章中提到用 CO_2 气体测得的有效表面积比用其他气体（如 N_2）测得的有效表面积要高，由此，利用重量法可以估算煤样的体积变化。随后，1986 年，Reucroft 和 Patel[118]为了调查气体对煤样膨胀和收缩的影响，得到突出的煤样内孔隙结构和表面积参数，他们采用不同气体(He、N_2、CO_2)，利用长为 1cm，直径为 0.4cm 的煤样试验，结果显示 CO_2 气体引起的长度变化是 $0.36\% \sim 1.31\%$，而其他气体则表现出更明显的体积变化；进一步实验又发现，低气压时（<0.14MPa），相对于煤层压力具有更小的体积变化。1987 年，Gray[119]对煤样的收缩、流体压力（有效应力）和渗透率之间的关系进行了测试和分析，认为：发生在煤样气体脱附过程中的收缩，将导致煤样应力释放，相应的引起有效应力的增加。由于渗透率是有效应力的函数，因此，随着煤层气体的排出和释放，煤样的渗透率将随煤样的应力变化而增加或减小。1987 年，Sethuraman[120]发现煤样的膨胀和应力之间是一线性关系；当 CH_4 的压力上升至 1.5MPa，煤样的体积增加量在 $0.75\% \sim 4.18\%$，同时，发现煤中碳含量越低，煤样的膨胀性越高。Stefanska[121]利用气体压力在 $0.5MPa \sim 5.0MPa$ 的 CH_4 和 CO_2 进行实验发现：煤阶、煤挥发分等因素影响煤的吸附行为和煤基质的变化。Harpalani[122]通过一系列实验后发现了气体吸附和煤渗透率之间的关系，并证实煤体收缩和渗透率的变化随气体的脱附而增加。Milewska 等[123]在气体压力为 0.5MPa、4.5MPa，温度为 298K 的条件下，进行了由于 CH_4 吸附而引起的煤体膨胀的实验，他们证实：由气体吸附引起煤体膨胀在煤层气突出现象中起到非常重要的影响。Seidle 和 Huitt[124]完成了由脱附而引起煤基质收缩和煤样渗透率变化的实验。他们认为：由气体组分引起的煤基质收缩比气体压力变化引起的收缩更重要，煤样体积变化量依赖于煤的类型（煤阶）和气体组分，但是，他们实验的温度是 48℃，而不是 20℃。Levine[125]报道了在气体排出过程中，随着气体的脱附，煤体收缩和渗透率将明显地增加，煤的类型、煤岩的组分、矿物类型和气体组分等因素将影响煤体收缩和渗透率的变化。

　　Harpalani 和 Chen[126]通过实验发现，煤样的渗透率和体积应变的关系为

$$\Delta k = \alpha \left(\frac{\Delta V_m}{V_m} \right) \tag{6.1}$$

式中，Δk 为渗透率变化量；α 为随煤的类型和特征而变化的参数；$\Delta V_m / V_m$ 为相对体积变化率。

2)煤样吸附不同气体的膨胀和收缩

George 和 Barakat[127]用 CO_2、CH_4、N_2 和 He 四种气体进行实验时发现，CO_2引起的煤样体积膨胀是 N_2引起的体积膨胀的 12 倍，是 CH_4 引起的体积膨胀的 8 倍，而 He 引起的体积膨胀则可以忽略。Chikatamarla、Xiaojun 和 Bustin[128]对产自加拿大的不同类型的煤样进行了膨胀和收缩实验，目的是研究不同气体(CO_2、CH_4、H_2S、N_2)通过吸附在煤层中的储存能力。结果显示，体积应变与吸附的气体量成一定比例关系，H_2S引起的体积应变明显地高于其他气体，比 CO_2引起的体积应变高 15 倍，比 CH_4 引起的体积应变高 20 倍，比 N_2引起的体积应变大约高 40 倍。

3)应力对煤样产生的膨胀和收缩

国内外学者对煤样应力-应变全过程特性进行了大量的研究，不论是单轴压缩试验还是三轴压缩试验，得出煤样的应力-应变全过程曲线可分为 4 个阶段[129]：初始压密、弹性变形、应变硬化、应变软化阶段。第 1 阶段随轴向应力增加轴向变形、横向变形也增加，但轴向变形大于横向变形，体应变增大，试件体积变小，曲线微向上弯曲，产生的原因是煤样中的微裂隙或节理面被压密实的结果。第 2 阶段体应变继续增大，试件体积继续减小，试件内部的微裂隙或节理面被压密实闭合后，应力应变曲线近似于直线，但各曲线线性部分长度不同，这是由煤样中微裂隙或节理面的宽度不一样产生的，使得闭合程度不同。第 3 阶段煤样内部开始产生微裂隙，随加载载荷的增加，试件内部的裂隙扩展最终汇合贯通，使试件破坏，这个阶段，体应变有一个最大值，这个最大值对应的应力就是屈服应力，屈服点以前试件的体应变都在增大，试件体积不断缩小，过了屈服点之后，试件的横向变形迅速增加，体应变开始减小，试件体积增大，到峰值时，体应变趋于零，试件又恢复到原来的体积。第 4 阶段，试件的横向变形远大于轴向变形，体应变减小很快，说明试件体积迅速膨胀，裂隙网络聚增，试件破坏后，试件仍然有一定的承载能力。

三轴压缩试验中围压对煤体变形特性的影响有：随围压增大煤样的抗压强度增加，峰值点对应的轴向应变、横向应变增大，弹性阶段的长度增长，残余强度增加，煤样由弹脆性—弹塑性—应变硬化转变。

文献［130］通过实验与理论研究，得到了应力影响下煤岩的单轴体积压缩系数 K_0 和膨胀系数 ζ 表达式：

$$|K_0| = \frac{\ln(1 - e_{Vs'})}{\sigma_{1s}} \tag{6.2}$$

$$\zeta = \frac{\sigma_{1s}}{\sigma_{1c} - \sigma_{1s}} K_0 \tag{6.3}$$

式中，$e_{Vs'}$ 为煤岩的单轴压缩时，屈服应力 s 点对应的体应变；σ_{1s} 为煤岩的单轴压缩时，屈服应力 s 点对应的应力。σ_{1c} 为煤岩的单轴抗压强度。

Harpalani 和 Chen[126] 根据煤样渗透率变化值与有效应力变化的关系，在总结前人实验的基础上，提出下述表达形式：

$$k = A_x \cdot 10 - B_x\sigma \tag{6.4}$$

式中，k 为绝对渗透率，mD；A_x、B_x 为取决于煤样的不同常数；σ 为煤样的有效应力，MPa。

文献［131］实验研究煤样的渗透率与平均有效应力的关系，呈负指数关系，其表达式如下：

$$k = A_x \cdot e^{-B_x\sigma_0} \tag{6.5}$$

式中，k 为绝对渗透率；A_x，B_x 为实验参数；e 为自然对数；σ_0 为平均有效应力，$\sigma_0 = \dfrac{1}{3}(\sigma_1 + 2\sigma_3) - \dfrac{1}{2}(P_1 + P_2)$。

4）温度对煤样产生的膨胀和收缩

随温度的增加，煤样产生膨胀，体积增大，裂隙和孔隙增多，煤样的渗透率增大。

文献［130］建立了温度影响下煤岩的体积压缩系数 K_T 和膨胀系数 ζ_T 表达式：

$$K_T = \frac{\beta_0(T_0 - T_c) - \ln(1 - e'_{Vs'})}{(I_{1s})_T} \tag{6.6}$$

$$\zeta_T = \frac{(I_{1s'})_T}{(I_{1c'})_T - (I_{1s'})_T} K_T \tag{6.7}$$

式中，β_0 为煤岩的热膨胀系数；T_c 为室温；T_0 为升高的温度；I_{1s} 为煤岩三轴压缩时，屈服应力 s 点对应的应力，$I_{1s} = \sigma_{1s} + \sigma_2 + \sigma_3$。$I_{1c}$ 为煤岩的三轴抗压强度，$I_{1c} = \sigma_{1c} + \sigma_2 + \sigma_3$。

文献［132］研究温度对煤样渗透率的影响，研究得出：随温度的增加，煤样的渗透率呈线性增加，其表达式为

$$k(\sigma_0, T) = k_0(1 + T)^m e^{-B\sigma_0} \tag{6.8}$$

式中，T 为温度；B 为实验常数；k_0 为初始渗透率；σ_0 为平均有效应力。

5）物理场激励

文献［133］实验研究了电场作用下煤中甲烷气体的渗流特性。实验结果表明：加电场后，甲烷气体渗流速度比无电场时要大，并且渗流速度随甲烷气体压力梯度增大呈线性增加；加电场后，煤中甲烷气体渗流量随电压（电场强度）升高近似呈线性增大；煤化程度越高的煤导电性越好，且甲烷气体在煤中的电

动效应越明显。并建立了应力场、温度场、电场作用下渗透率的经验公式：

$$k(\sigma_0, T, E) = k_0(1 + \beta E)(1 + T)^m e^{-B\sigma_0} \qquad (6.9)$$

式中，k_0 为初始渗透率；m、β、B 为实验参数；T 为温度；E 为外加电场强度；σ_0 为平均有效应力。

文献［9］研究了声场作用下煤层气的渗透特性，因声波的机械振动和热效应等作用可以改变煤体的孔隙特性，研究得出：声场作用可以提高煤层气的渗透率，并建立了应力场、温度场、声场作用下渗透率经验表达式：

$$k(\sigma_0, T, J) = k_s(1 + \beta J)(1 + T)^m e^{-B\sigma_0} \qquad (6.10)$$

式中，k_s 为不加声场作用的渗透率；B、β、m 为实验参数；J 为声强；T 为温度；σ_0 为平均有效应力。

6.1.2　煤层气渗流方程的研究

煤层瓦斯渗流力学是专门研究瓦斯在煤层中运动规律的一门新兴的边缘学科。自该学科提出至今，已发展起来的理论成果有线性瓦斯流动理论、非线性煤层气流动理论、地物场效应的煤层气流动理论、多煤层系统煤层气越流理论和煤层瓦斯流固耦合理论。

线性煤层气渗流理论认为，煤层中煤层气运动基本符合线性渗透定律。文献［134］研究了在均质和非均质煤层条件下，建立可压缩性煤层气在煤层内流动的数学模型——非线性煤层气流动模型。线性煤层气扩散理论认为，煤层中煤层气运动基本符合线性扩散定律——菲克定律。煤层气渗透与扩散理论认为，煤层中煤层气运动包含了渗透和扩散的混合流动过程，该理论得到国内外许多学者的赞同。文献［6，8，9，10］在我国首次深入地研究了地电场对煤层气渗流的作用和影响，修正了达西定律，提出了地球物理场效应的煤层气流动理论。多煤层系统煤层气越流理论的研究对保护层开采的有效保护范围的确定问题、井下邻近层（采空区）煤层气抽采工程的合理布孔设计及抽采率预估问题、地面钻孔抽采多气层煤层气工程的合理设计及抽采率预估问题，以及地下多煤层之间煤层气运移规律的预测和评估等问题，都有十分重要的意义。周世宁院士[135,136]指出，要使煤层瓦斯流动理论更符合实际，必须研究煤层瓦斯的流固耦合作用，文献［137］根据固体变形和煤层瓦斯渗流的相关理论，建立了煤层瓦斯固气耦合数学模型，并结合实际分析了巷道瓦斯涌出规律，提出了模型的数值解法。梁冰等[138]在考虑瓦斯吸附变化对煤体本构关系影响的基础上，建立了煤层瓦斯吸附变化对煤体变形耦合作用的数学模型，对采动影响情况下瓦斯在采空区的流动规律进行了数值模拟分析。汪有刚[139]将渗流力学与弹塑性力学相结合，考虑煤层瓦斯和煤体骨架之间的相互作用，建立了煤层瓦斯运移的数学模型，并根据有限元法原理推出了耦合模型求解方法。

6.2　声场促进煤层气渗流的实验研究

6.2.1　试件加工

原煤试件尺寸 ϕ50mm×100mm 圆柱体，要求：两端面平行度≤0.002mm，垂直度≤0.01mm/(1000mm)，表面平整度≤±0.1mm/(100mm)。

型煤试件：实验煤样采自重庆南桐煤矿煤样，将原煤破碎，筛取 40～80 目的微粒，加入少量水搅拌，然后加压 100MPa 并保持压力 15min 成型为 ϕ50mm×100mm 圆柱体，将煤样放在 100℃烘箱中烘干 4h，即可进行实验，实验试件如图 6.1 所示。

（a）原煤试样　　　　　　　　　　　　　（b）型煤试样

图 6.1　实验部分试件

6.2.2　煤样变形特性的实验研究

应力对煤样的渗透特性有很大的影响，煤样的渗透率与平均有效应力呈负指数关系。因此研究煤样应力-应变全过程特性对煤样渗透性有重要的理论意义。实验设备采用美国 MTS 公司生产的 MTS 815 岩石力学试验系统，如图 6.2 所示。

图 6.2　MTS 815 岩石力学试验系统

　　该材料试验机主要测试高强度高性能固体材料在复杂应力条件下的力学性质以及渗流特性。可以进行岩石的抗拉试验、单轴压缩试验、在常温和高温下的三轴压缩试验、循环压缩试验、蠕变试验、渗透性试验。轴向最大加载载荷2800kN，围压最大 80MPa，孔压最大 80MPa，温度最高 200℃。测试精度高，性能稳定，可以进行高低速数据采集，采用力、位移、轴向应变、横向应变等控制方式。

　　此次对煤样进行了单轴压缩试验，实验采用位移控制，加载速度为 $0.1\text{mm} \cdot \text{min}^{-1}$，实验中采集轴向力、轴向应变、横向应变参数，实验结果如图 6.3～图 6.5 所示，从图中可以看出：原煤与型煤变形特性规律是一致的，型煤的轴向应变与横向应变比原煤的变形大；型煤在初始压密阶段，体应变为正值，试件体积减小，孔隙裂隙被压实，煤样孔隙度减小，会使试件的渗透率减小；进入弹性和应变硬化阶段，型煤的体应变为负值并逐渐减小，说明试件的体积增大且大于原体积，试件体积产生膨胀，在应变硬化阶段，试件将产生新的裂隙和孔隙，煤样孔隙度增大，使试件的渗透率增加；在应变软化阶段，试件横向应变聚增，试件将产生更多的大量的裂隙，煤样孔隙度聚增，使试件的渗透率继续增加，试件最终为鼓形。

　　原煤在初始压密和弹性阶段，体应变为正，试件体积减小，孔隙裂隙被压实，煤样孔隙度减小，会使试件的渗透率减小；进入应变硬化阶段，体应变为正值但开始减小，说明试件体积增大但小于原体积，试件体积产生膨胀，这个阶段试件将产生新的裂隙和孔隙，煤样孔隙度增大，使试件的渗透率增加；在应变软化阶段，试件横向应变聚增，体应变为负值说明试件体积大于原体积，这个阶段试件将产生更多的大量的裂隙，煤样孔隙度聚增，使试件的渗透率继续增加。

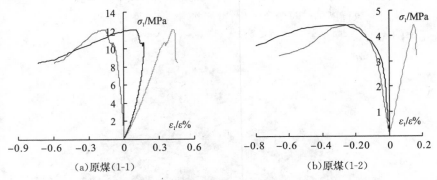

(a)原煤(1-1)　　　　　　　　　　　(b)原煤(1-2)

图 6.3　原煤试件轴向应力与轴向应变、横向应变、体应变曲线

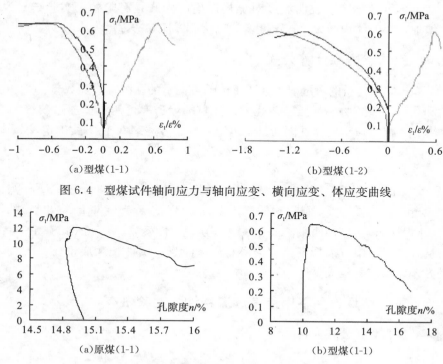

图 6.4　型煤试件轴向应力与轴向应变、横向应变、体应变曲线

图 6.5　煤样孔隙度与轴向应力关系

6.2.3　温度对煤体变形特性的影响

　　利用 MTS 815 岩石力学试验系统的加温功能，实验时在试件上不加轴压和围压，在标准试件($\phi 50\text{mm} \times 100\text{mm}$)上安装轴向引伸计测试件的轴向应变，测试原煤试件轴向应变与温度的关系，实验结果如图 6.6 所示。从图中可以看出：从常温开始，随温度的增加，试件的轴向应变为负值，说明温度增加试件产生轴向膨胀，且轴向应变刚开始随温度的增加而增大，当温度达到一定值后，轴

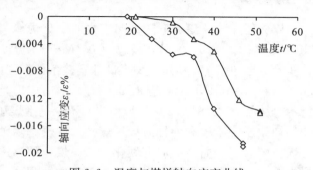

图 6.6　温度与煤样轴向应变曲线

向应变不再继续增大，说明温度对煤样产生的膨胀是有限的。实验结果说明，温度增加，煤的体积增大，孔隙度增大，从而煤样渗透率增大。

6.2.4　气体渗透率计算公式

孔隙-裂隙介质的渗透能力取决于流动方向上的孔隙、裂隙数量、宽度及连通性和孔隙、裂隙两端的压差。孔隙、裂隙的渗透率可用流体通过狭缝的层流流动方程导出。对于气体，因为具有可压缩性，渗透率 K 由下式确定

$$K = \frac{2QP_a\mu'L}{(p_1^2 - p_2^2)A_s} \tag{6.11}$$

式中，Q 为煤层气渗流流量，$cm^3 \cdot s^{-1}$；P_a 为大气压力，$P_a = 0.1MPa$；L 为试件长度，cm；p_1 为试件下端（进口）的气体压力，MPa；p_2 为试件上端（出口）的气体压力，MPa；A_s 为试件面积，cm^2；μ' 为煤层气黏性系数，$\mu' = 0.0108 \times 10^{-3}Pa \cdot s$

从式（6.11）中可以看出：渗透率与气体流量、试件长度成正比，与气体压力平方差、试件面积成反比。

6.2.5　不加声场作用下甲烷气渗流特性的实验研究

有效应力计算公式为

$$\begin{cases} \sigma_1' = \sigma_1 - p_1 \\ \sigma_a' = \sigma_a - \frac{1}{2}(p_1 + p_2) \\ \sigma_0 = \frac{1}{3}(\sigma_1 + 2\sigma_a) - \frac{1}{2}(p_1 + p_2) \end{cases} \tag{6.12}$$

式中，σ_1 为轴向应力，MPa；σ_1' 为有效轴向应力，MPa；σ_a 为围压，MPa；σ_a' 为有效围压，MPa；σ_0 为平均有效应力，MPa；p_1 为试件下端气压（进气端），MPa；p_2 为试件上端气压（出气端），MPa。

1）轴向应力对渗透率的影响

分别进行了原煤、型煤试件渗透率随轴向应力的变化规律。原煤试件实验条件：围压 4MPa，孔隙压力（$p_1 = 0.8MPa$，$p_2 = 0.1MPa$），温度 21.5℃，轴向应力是变化的，实验结果如图 6.7 所示。型煤试件实验条件：围压 3.5MPa，孔隙压力（$p_1 = 0.6MPa$，$p_2 = 0.1MPa$），温度 28.3℃，轴向应力是变化的，实验结果如图 6.8 所示。从图 6.7、图 6.8 中可以看出：不论是型煤还是原煤，在煤样应力应变曲线的初始压密阶段和弹性阶段，煤样的渗透率随轴向有效应力的增大而减小；在煤样应力应变曲线的应变硬化阶段，煤样的渗透率随轴向有效应力的增大而增大。初始压密阶段由于煤样的裂隙和空隙闭合，渗透率减小较快；弹性阶段，渗透率减小较小；应变硬化阶段煤样内部产生大量新的裂隙，

且裂隙扩展贯通，渗透率增大，临近试件破坏时，渗透率骤增；含瓦斯煤三轴
压缩试验，原煤试件以剪切破坏为主，型煤试件以水平层状破坏为主。

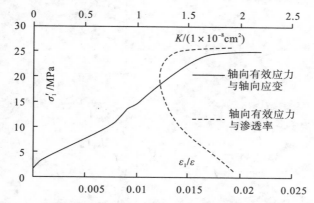

图 6.7　原煤轴向有效应力 σ_1' 与轴向应变 ε_1、渗透率 K 曲线

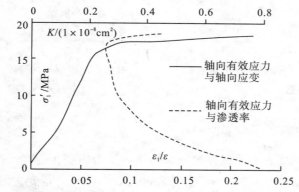

图 6.8　型煤轴向有效应力 σ_1' 与轴向应变 ε_1、渗透率 K 曲线

2）围压对渗透率的影响

　　分别进行了原煤、型煤试件渗透率随围压的变化规律。原煤实验条件：轴
向应力 0MPa，孔隙压力（$p_1=1.2$MPa，$p_2=0.1$MPa），温度 23.0℃，围压是变
化的。型煤实验条件：轴向应力 0MPa、孔隙压力（$p_1=0.4$MPa，$p_2=$
0.1MPa），温度 15.0℃，围压是变化的。实验结果如图 6.9～图 6.12 所示，从
中可以看出：随有效围压、平均有效应力的增加，煤样渗透率迅速减小，且渗
透率与有效围压、平均有效应力呈负指数关系；围压对原煤与型煤渗透率的影
响规律是一致的。

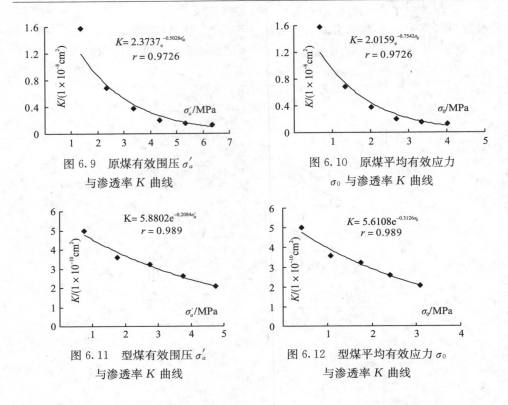

图 6.9　原煤有效围压 σ'_a
与渗透率 K 曲线

图 6.10　原煤平均有效应力
σ_0 与渗透率 K 曲线

图 6.11　型煤有效围压 σ'_a
与渗透率 K 曲线

图 6.12　型煤平均有效应力 σ_0
与渗透率 K 曲线

3）孔隙压力对渗透率的影响

分别进行了原煤、型煤试件渗透率随孔隙压力的变化规律。原煤实验条件：①轴向应力 0MPa，围压 3MPa，温度 22.0℃，孔隙压力是变化的（p_1 变化，p_2 ＝0.1MPa），实验结果如图 6.13 所示；②轴向应力 0MPa，围压 4MPa，温度 22.0℃，孔隙压力是变化的（p_1 变化，p_2＝0.1MPa），实验结果如图 6.14 所示；③轴向应力 0MPa，围压 5MPa，温度 22.0℃，孔隙压力是变化的（p_1 变化，p_2＝0.1MPa），实验结果如图 6.15 所示。型煤实验条件：①轴向应力 0MPa，围压 2MPa，温度 27.6℃，孔隙压力是变化的（p_1 变化，p_2＝0.1MPa），实验结果如图 6.16 所示；②轴向应力 0MPa，围压 3.2MPa，温度 27.6℃，孔隙压力是变化的（p_1 变化，p_2＝0.1MPa），实验结果如图 6.17 所示；③轴向应力 0MPa，围压 4.4MPa，温度 27.6℃，孔隙压力是变化的（p_1 变化，p_2＝0.1MPa），实验结果如图 6.18 所示。从图 6.13 中可以看出：当围压小于 3MPa 时，通过改变孔隙压力来改变有效围压，渗透率随有效围压增大而减小，呈负指数关系，其变化规律与图 6.9 相同；图 6.14～图 6.18 的变化规律与图 6.9 不一样，当围压较大时，通过改变孔隙压力来改变有效围压，其渗透率随有效围压增大而增大，不呈负指数关系。

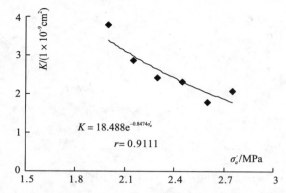

图 6.13　原煤有效围压 σ_a' 与渗透率 K 曲线（围压 3MPa）

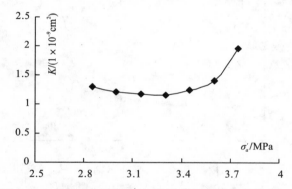

图 6.14　原煤有效围压 σ_a' 与渗透率 K 曲线（围压 4MPa）

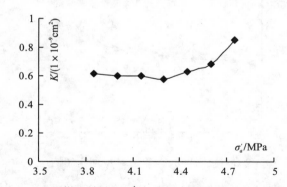

图 6.15　原煤有效围压 σ_a' 与渗透率 K 曲线（围压 5MPa）

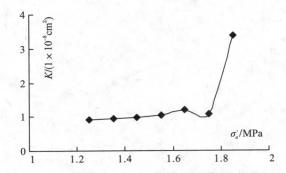

图 6.16　型煤有效围压 σ_a' 与渗透率 K 曲线(围压 2MPa)

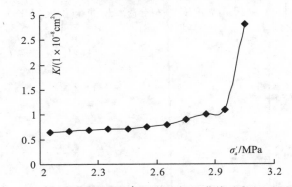

图 6.17　型煤有效围压 σ_a' 与渗透率 K 曲线(围压 3.2MPa)

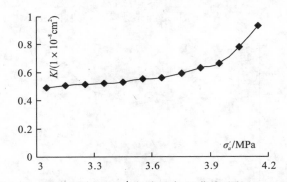

图 6.18　型煤有效围压 σ_a' 与渗透率 K 曲线(围压 4.4MPa)

4)温度对渗透率的影响

文献 [64] 研究得出:轴向应力、孔隙压力、围压一定时,渗透率随温度的升高而增大,呈线性关系。李志强[140]等对外加应力场下温度对煤层气渗流特性的影响研究表明,温度对煤层气渗流的影响需要考虑外加应力大小。实验研究得出,在低平均有效应力时,渗透率随温度的升高而增大,在高平均有效应力时,渗透率随温度的升高而减小。

5）应力场与孔隙压力同时变化对渗透率的影响

在煤层气渗流过程中，其渗流通道周边的应力、气体压力是变化的，因此需要研究多场耦合条件下煤层气的渗流规律，实验研究方案如下：

实验方案一如表 6.1 所示，实验中试件的轴向应力、围压、气体压力同时变化，保持试件的有效轴向应力与有效围压之比由小增大，直到实验时将试件压破坏。

实验方案二如表 6.2 所示，实验中试件的轴向应力、围压、气体压力同时变化，但是保持试件的有效轴向应力与有效围压之比基本为定值。

表 6.1　渗流实验方案一

试件类别	围压/MPa	轴向应力/MPa	气压/MPa	有效围压/MPa	有效轴向应力/MPa	有效轴向应力与有效围压之比
	1	2.16	0.15	0.875	2.035	2.29
	1.5	4.32	0.2	1.35	4.17	3.09
原煤试件	2	6.49	0.3	1.80	6.29	3.49
	2.5	8.65	0.4	2.25	8.40	3.73
	3	12.98	0.5	2.70	12.68	4.70
	3.5	17.31	0.6	3.15	16.96	5.38
	1	1	0.1	0.90	0.90	1.00
	2	4	0.2	1.85	3.85	2.08
型煤试件	3	8	0.3	2.80	7.80	2.78
	4	12	0.4	3.75	11.75	3.13
	5	20	0.5	4.70	19.70	4.19
	6	30	0.6	5.65	29.65	5.25

表 6.2　渗流实验方案二

试件类别	围压/MPa	轴向应力/MPa	气压/MPa	有效围压/MPa	有效轴向应力/MPa	有效轴向应力与有效围压之比
	3	6.72	0.2	2.85	6.57	2.31
	4	8.96	0.4	3.75	8.71	2.32
原煤试件	5	11.20	0.5	4.7	10.90	2.32
	6	13.44	0.6	5.65	13.09	2.32
	7	15.69	0.7	6.6	15.29	2.32
	8	17.93	0.8	7.55	17.48	2.32

续表

试件类别	围压/MPa	轴向应力/MPa	气压/MPa	有效围压/MPa	有效轴向应力/MPa	有效轴向应力与有效围压之比
	1	2	0.2	0.85	1.85	2.17
	2	4	0.3	1.80	3.80	2.11
	3	6	0.5	2.70	5.70	2.11
型煤试件	4	8	0.6	3.65	7.65	2.10
	5	10	0.7	4.60	9.60	2.10
	6	12	0.8	5.55	11.55	2.08
	7	14	0.9	6.50	13.50	2.08
	8	16	1.0	7.45	15.45	2.08

　　方案一甲烷渗流实验结果如图 6.19～图 6.22 所示，从图中可知，煤样所受的应力与孔隙压力同时增大时，煤样的渗透率与有效体应力呈先减小，后增大的趋势，其原因为，当有效轴向应力与有效围压之比约小于阈值时，这时煤样受轴向应力与围压作用，试件的体积变小，裂隙与孔隙闭合较快，其变形大致处于初始压密与弹性阶段，所以渗透率随有效体应力增大而减小；当有效轴向应力与有效围压之比约大于阈值时，这时轴向应力较大，试件变形大致处于应变硬化与临近破坏阶段，煤样的横向变形较快，试件体积增大，试件中产生新的宏观裂隙，所以煤样渗透率开始增大；不论是原煤试件还是型煤试件，破坏后的渗透率不超过初始渗透率。原煤试件临近破坏后，渗透率增大明显，型煤试件破坏后，渗透率增大不明显，其原因为原煤试件中有大量的原生裂隙，试件剪切破坏或劈裂破坏后，裂隙贯通，所以渗透率增大。型煤试件中原生裂隙较少，气体通过孔隙而渗流，型煤塑性明显，破坏形式为鼓形，所以渗透率增大不明显。实验中试件的破坏形式如图 6.23 所示。

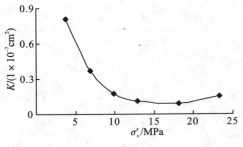

(a)渗透率 K 与有效体应力 σ'_v 曲线

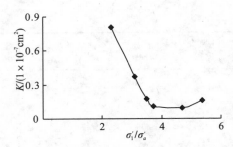

(b)渗透率 K 和有效轴向应力 σ'_1 与围压 σ'_a 比

图 6.19　应力与孔压同时变化对渗透率的影响(原煤试件 1-2)

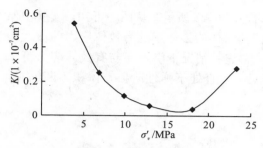

(a)渗透率 K 与有效体应力 σ_v' 曲线

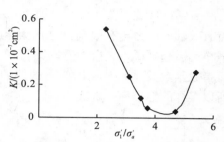

(b)渗透率 K 和有效轴向应力 σ_1' 与围压 σ_a' 比

图 6.20　应力与孔压同时变化对渗透率的影响(原煤试件 1-3)

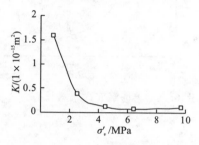

(a)渗透率 K 与有效体应力 σ_v' 曲线

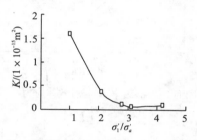

(b)渗透率 K 和有效轴向应力 σ_1' 与围压 σ_a' 比

图 6.21　应力与孔压同时变化对渗透率的影响(型煤试件 1-1)

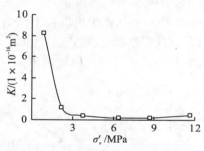

(a)渗透率 K 与有效体应力 σ_v' 曲线

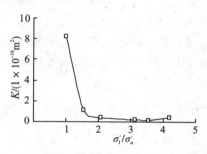

(b)渗透率 K 和有效轴向应力 σ_1' 与围压 σ_a' 比

图 6.22　应力与孔压同时变化对渗透率的影响(型煤试件 1-2)

(a)原煤的破坏形式

(b)型煤的破坏形式

图 6.23　方案一试件破坏形式

方案二甲烷渗流实验结果如图 6.24、图 6.25 所示，从图中可知，实验中保持有效轴向应力与有效围压之比为定值，煤样的渗透率随有效体应力的增大而减小，后趋平缓，之后渗透率不再增大，这种情况下渗透率与有效体应力可呈负指数函数关系。其原因为，试件的变形一直处于弹性阶段，体积不断缩小，所以煤样的渗透率一直减小。

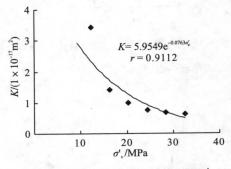

$K= 5.9549e^{-0.0763\sigma'_v}$
$r = 0.9112$

图 6.24　渗透率 K 与有效体应力 σ'_v
（原煤试件 1-1）

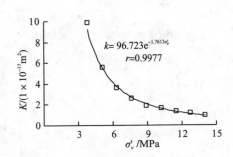

$k= 96.723e^{-1.7613\sigma'_v}$
$r=0.9977$

图 6.25　渗透率 K 与有效体应力 σ'_v
（型煤试件 1-3）

6）渗流速度与压力梯度的关系

实验条件与实验（3）相同，实验中测定不同压力梯度的气体流量，其渗流速度 V 与压力梯度 i 的关系曲线如图 6.26、图 6.27 所示。从图中可以看出：当压力梯度 i 较小时，渗流速度 V 与压力梯度 i 呈非线性，当压力梯度 i 较大时，渗流速度 V 与压力梯度 i 呈线性；相同压力梯度，围压越大，渗流速度越小。

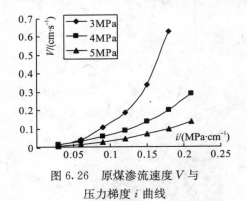

图 6.26　原煤渗流速度 V 与
压力梯度 i 曲线

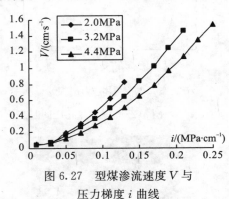

图 6.27　型煤渗流速度 V 与
压力梯度 i 曲线

6.3　地应力、地温、声场中煤层气渗流方程

文献［9］研究得出应力场、温度场、声场作用煤体的渗透率 $k(\sigma, T, J)$

经验公式为

$$k(\sigma_0, T, J) = k_s (1 + \beta J)(1 + T)^m e^{-B\sigma_0} \tag{6.13}$$

式中，k_s 为不加声场作用的渗透率；B、β、m 为实验参数；J 为声强；T 为温度；σ_0 为平均有效应力。

6.3.1　煤层气运动方程

一般认为，煤层气在煤层中的流动近似为线性渗流，即煤层气的流动与煤层中的煤层气压力 P 的梯度成正比，并符合 Darcy 定律。由式（6.13）可得地应力、温度和声场影响的煤层气运动方程：

$$\boldsymbol{v} = -\frac{(1+T)^m}{\mu} e^{-B\sigma} \left[k_{sx}(1+\beta J_x)\frac{\partial P}{\partial x}\boldsymbol{i} + k_{sy}(1+\beta J_y)\frac{\partial P}{\partial y}\boldsymbol{j} + k_{sz}(1+\beta J_z)\frac{\partial P}{\partial z}\boldsymbol{k} \right]$$

$$\tag{6.14}$$

式中，$\boldsymbol{v}$ 为渗流速度；μ 为煤层气黏度系数；$\mathrm{d}P/\mathrm{d}n$ 为煤层气在流动方向上的压力梯度。

6.3.2　煤层气流动的连续性方程

如果在煤层中某点取一体积元 $\mathrm{d}x\mathrm{d}y\mathrm{d}z$，要求该体积元一主方向足够小，能表征该点的渗流力学特性；同时，体积元相对其中的孔、裂隙又足够大，以便可以对渗流量作统计上的平均处理。根据质量守恒定律，用无穷小量分析法可推得在单位时间内流入和流出体积元的煤层气体积量差为

$$\Delta V = -\left(\frac{\partial q_x}{\partial x} + \frac{\partial q_y}{\partial y} + \frac{\partial q_z}{\partial z} \right)\mathrm{d}x\mathrm{d}y\mathrm{d}z \tag{6.15}$$

或可写成

$$\Delta V = -(\nabla \cdot \boldsymbol{q})\mathrm{d}x\mathrm{d}y\mathrm{d}z \tag{6.16}$$

式中，q_i 为沿 $i(i=x, y, z)$ 方向上的比流量，即煤体单位面积在单位时间内流过的气体体积流量。同时，比流量 $\boldsymbol{q}$ 与气体渗流速度 $\boldsymbol{v}$ 有如下关系：

$$\boldsymbol{q} = \frac{\rho}{\rho_0}\boldsymbol{v} \tag{6.17}$$

式中，ρ_0 为煤层气在一个标准大气压时的密度；ρ 为压力等于 P 时煤层气的密度。

6.3.3　煤层气状态方程

煤层气体是容易压缩的流体。对于真实气体，在等温条件下，其密度与压力成正比，即状态方程为

$$\rho = \frac{PM}{ZRT} \tag{6.18}$$

式中，Z 为煤层气 P 对应的压缩因子；M 为气体的分子量；T 为煤层中气体的绝对温度；R 为气体的普适常数。

式(6.18)对标准大气压 P_0 也成立，则

$$\frac{\rho}{\rho_0} = \frac{PZ_0T_0}{P_0ZT} \tag{6.19}$$

式中，T_0 为大气温度；Z_0 为一个大气压下煤层气的压缩因子，$Z_0 \approx 1$。

6.3.4　煤层气含量方程

煤层中的煤层气含量 Q 由两部分组成，即游离煤层气量 Q_1 和吸附煤层气量 Q_2。如果将煤层气体作为真实气体，煤层的孔隙视为常数，并且煤层同一水平近似地处理成等温过程，由式(6.18)可求得煤层中的游离甲烷量为

$$Q_1 = P\varphi\left(\frac{T_0}{Z_aT_a}\right) \tag{6.20}$$

式中，φ 为煤层的孔隙度；Z_a 为煤层温度在 T_a 时的压缩系数。

由于煤层的孔隙度随着埋深的增加而改变，因而，煤层的孔隙度应是地应力和地温的函数。根据煤的孔隙度定义和煤在应力和温度作用下骨架的体积改变，可求得随应力和温度改变的煤的孔隙度 φ_1，即

$$\varphi_1 = 1 - (1 - m_0)\exp(\beta_1\Delta\sigma - \beta_2\Delta T) \tag{6.21}$$

式中，m_0 为在某一基准温度下无荷载作用时煤的孔隙度；$\Delta\sigma$ 为有效应力改变量；ΔT 为地温改变量；β_1 为煤的体积压缩系数；β_2 为煤的热膨胀系数。

因此，考虑煤层孔隙度变化的煤层游离甲烷量可表示为

$$Q_1 = P\left(\frac{T_0}{Z_aT_a}\right)\left[1 - (1 - m_0)\exp(\beta_1\Delta\sigma - \beta_2\Delta T)\right] = P\varphi_1\left(\frac{T_0}{Z_aT_a}\right) \tag{6.22}$$

关于吸附煤层气量 Q_2 可以采用 Freundlich、Langmuir 公式、BET 方程、D-A 方程计算，由于 Langmuir 公式能较好地描述甲烷在煤物质中的吸附规律，所以现仍较普遍使用。若考虑水分和温度的影响，常用修正后的 Langmuir 公式来计算吸附甲烷量 Q_2，即

$$Q_2 = \frac{Q_{\max}bP}{1 + bP}e^{n(t_0 - t)} \cdot \frac{1}{1 + 0.31w'} \cdot \frac{100 - A' - w'}{100} \tag{6.23}$$

式中，$Q_{\max}$ 为饱和煤层气含量，即 Langmuir 公式中的 a 值；b 为与温度有关的值；P 为煤中气体压力；A'、w' 分别为灰分、水分；t_0 为实验室测定煤的 a、b 值时的实验温度；t 为煤层温度；e 为自然对数的底数；n 为实验系数，它与 P 值有关，常表示为

$$n = \frac{0.02}{0.993 + 0.0714P} \tag{6.24}$$

因此单位体积煤体中甲烷总含量 Q 为

$$Q = Q_1 + Q_2 = P\varphi_1\left(\frac{T_0}{Z_a T_a}\right) + \frac{Q_{max}bP}{1+bP}e^{n(t_0-t)} \cdot \frac{1}{1+0.31w'} \cdot \frac{100-A'-w'}{100}$$

$$(6.25)$$

6.3.5　煤层气渗流方程

将式(6.17)，(6.19)分别代入式(6.16)，并令 $T = T_a$，有

$$\Delta V = -\left[\nabla \cdot \left(\frac{PZ_0 T_0}{P_0 Z_a T_a}\right)\boldsymbol{v}\right]\mathrm{d}x\mathrm{d}y\mathrm{d}z \tag{6.26}$$

将式(6.14)代入(6.26)，整理后得

$$\Delta V = \frac{Z_0 T_0}{P_0\mu}\left\{\nabla\left[\frac{P}{Z_a T_a}(\nabla P \cdot \boldsymbol{k}(\sigma, T, J))\right]\right\}\mathrm{d}x\mathrm{d}y\mathrm{d}z \tag{6.27}$$

针对式(6.25)，单位时间内，体积为 $\mathrm{d}x\mathrm{d}y\mathrm{d}z$ 的体积元中甲烷总含量对时间 t 的变化率为

$$\frac{\partial Q}{\partial t}\mathrm{d}x\mathrm{d}y\mathrm{d}z = \frac{\partial}{\partial t}\left[P\varphi_1\left(\frac{T_0}{Z_a T_a}\right)\right.$$

$$\left. + \frac{Q_{max}bP}{1+bP}e^{n(t_0-t)} \cdot \frac{1}{1+0.31w'} \cdot \frac{100-A'-w'}{100}\right] \cdot \mathrm{d}x\mathrm{d}y\mathrm{d}z \tag{6.28}$$

根据质量守恒定律，式(6.27)，(6.28)左右两边对应相等。则

$$\nabla\{P[\nabla P \cdot \boldsymbol{k}(\sigma, T, J)]\} = \frac{P_0\mu Z_a T_a}{T_0}\frac{\partial}{\partial t}\left[\begin{matrix}P\varphi_1\left(\dfrac{T_0}{Z_a T_a}\right) + \dfrac{Q_{max}bP}{1+bP}e^{n(t_0-t)} \cdot \\ \dfrac{1}{1+0.31w'} \cdot \dfrac{100-A'-w'}{100}\end{matrix}\right]$$

$$(6.29)$$

式(6.29)为地应力、地温、声场作用下煤层气的渗流方程。

6.4　煤层气渗流特性的数值模拟

6.4.1　单场与多场作用下煤层气渗流数值模拟

根据实验数据，应用 Ansys12.0 多孔介质孔隙压力模型对多场作用下煤层气渗流规律进行了数值模拟，建立的结构模型直径为 50mm，高为 100mm 的圆柱体试件，数值模拟边界条件与煤体常规三轴渗流试验一致，其边界为：试件下端位移约束，加气压为 P_2，试件上端为自由面，加轴向应力和气压为 P_1，试件四周为自由面，加围压。本构关系为弹塑性，屈服准为 DP 准则。输出的煤体力学参数为：泊松比为 0.31，密度为 1320kg·m^{-3}，弹性模量为 1350MPa，内摩擦角为 18°，内聚力为 0.8MPa，煤体初始渗透率为 2.4×10^{-8} cm^2，煤体热膨胀系数为

0.82，甲烷的密度为 0.714kg · m^{-3}，甲烷动力黏度为 0.0108×10^{-6} Pa · s。

1)轴向应力对煤层气渗流特性的影响

根据图 6.7 的实验条件，数值模拟结果如图 6.28 所示，从图中可以看出：数值模拟得出的渗流特性与实验曲线基本一致，当轴向有效应力 σ_1' 较小时，处于应力－应变曲线的初始压密与弹性阶段，数值模拟得到的渗透率 K 随轴向有效应力 σ_1' 增大而减小。当轴向有效应力 σ_1' 较大时，处于应力－应变全过程曲线的应变硬化阶段，数值模拟得到的渗透率 K 随轴向有效应力 σ_1' 增大而增大。

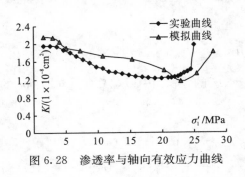

图 6.28　渗透率与轴向有效应力曲线

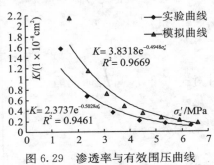

图 6.29　渗透率与有效围压曲线

2)围压对煤层气渗流特性的影响

根据图 6.9 的实验条件，数值模拟结果如图 6.29 所示，从图中可以看出：数值模拟与实验结果得出的渗透率随有效围压 σ_a' 增大而减小，且渗透率与有效围压呈负指数函数关系。

3)温度对煤层气渗流特性的影响

温度对煤层气渗流特性的影响数值模拟条件为：实验中轴向有效应力、孔隙压力、围压一定，温度是变化的。图 6.30(a)是文献［132］实验研究结果，模拟的轴向应力 σ_1＝0.98MPa，围压 σ_a＝0.5MPa，孔隙压力差 0.4MPa。图 6.30(b)是文献［140］实验研究结果，模拟的平均有效应力 σ_0＝6MPa，孔隙压

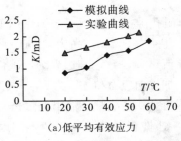

(a)低平均有效应力

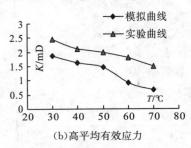

(b)高平均有效应力

图 6.30　不同有效应力下渗透率与温度曲线

力($p_2 = 0.5\text{MPa}$，$p_1 = 0.12\text{MPa}$）。从图 6.30 中可以看出：两种实验研究结果与数值模拟相一致，温度对煤体渗透率的影响，在低平均有效应力时，渗透率随温度的升高而增大，在高平均有效应力时，渗透率随温度的升高而减小，这种现象文献 ［140］ 用 "内膨胀效应" 进行了解释。

4）孔隙压力对煤层气渗流特性的影响

根据图 6.13 的实验条件，数值模拟结果如图 6.31 所示，从图中可以看出：渗透率随着平均有效应力 σ_0 的增大而减小，且呈负指数函数关系。其原因为，孔隙压力 p_2 增大，气压使煤体骨架产生变形，煤体的微观孔隙、裂隙增大，从而渗透率增加；孔隙压力 p_2 增大，导致有效轴向应力 σ_1'、有效围压 σ_a' 减小，煤体的渗透率增大。

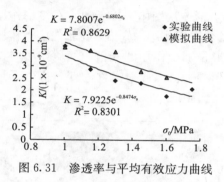 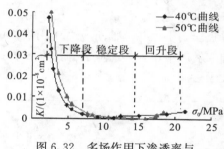

图 6.31　渗透率与平均有效应力曲线　　　图 6.32　多场作用下渗透率与平均有效应力曲线

5）多场耦合作用下煤层气渗流特性

煤层气在渗流过程中，应力场、温度场、渗流场均同时变化。图 6.32 模拟了不同温度、多场同时作用下煤层气的渗流特征，模拟条件为：不同温度条件下，试件的轴向应力，围压，试件上端气压 p_2 均随时间呈线性增长，轴向应力从 2MPa 增加到 25.47MPa，围压从 2MPa 增加到 7MPa，试件上、下两端的气压差从 0.3MPa 增加到 1.8MPa。从图 6.32 中可以看出：多场同时作用下，煤层的渗透率变化均呈现三个阶段，规律与图 6.21 基本相同，下降段渗透率随平均有效应力增大而减小，因为试件受轴压、围压的同时作用，煤体将被压密，裂隙闭合，导致渗透率迅速减低；稳定段渗透率随平均有效应力增大变化很小，因为试件已经被压实了，轴压、围压作用对渗流通道的影响相对较小；回升段渗透率随平均有效应力的增大有所增加，但远远小于初始渗透率，其渗透率回升原因是试件处于塑性变形阶段，局部产生破坏，所以渗透率增加。

6)单场与多场耦合作用下煤体的变形与渗流

数值模拟了单场与多场耦合作用下煤体的变形、渗流场、孔隙压力的特征。模拟条件为：①围压 6MPa，气压（$p_2 = 0.7$MPa，$p_1 = 0.1$MPa）。轴向应力从 6MPa 线性增加到 30MPa，平均有效应力 $\sigma_0 = 13.6$MPa。②轴向应力 6MPa，气压（$p_2 = 0.7$MPa，$p_1 = 0.1$MPa），围压从 6MPa 线性增加到 18MPa，平均有效应力 $\sigma_0 = 13.6$MPa。③轴向应力 30MPa，围压均 18MPa，气压（p_2 从 1MPa 线性增加到 16.7MPa，$p_1 = 0.1$MPa），平均有效应力 $\sigma_0 = 13.6$MPa。④轴向应力从 6MPa 线性增加到 30MPa，围压从 6MPa 线性增加到 18MPa，气压（p_2 从 1MPa 线性增加到 16.7MPa，$p_1 = 0.1$MPa），平均有效应力 $\sigma_0 = 13.6$MPa。模拟结果如图 6.33、图 6.34、图 6.35 所示。

图 6.33 为单场作与多场作用下试件的变形，从图中可以看出：在多场作用下，煤体的总位移量约为气压作用的 100 倍，围压作用的 5 倍，比轴向应力作用单独作用小一些。轴向应力作用煤样的变形是围压作用的 8 倍。气压作用对试件的变形很小，外部应力作用对试件的变形很大。因此对试件的变形应力场远大于渗流场，轴向应力对试件变形的影响大于围压。

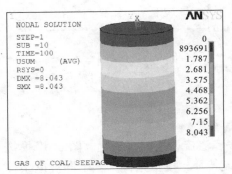

（a）轴向应力作用

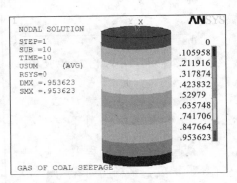

（b）围压作用

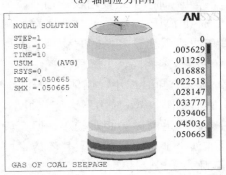

（c）气压作用

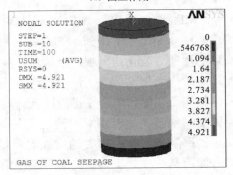

（d）多场耦合作用

图 6.33　单场与多场作用下的总位移图

图 6.34 为单场作与多场作用下试件内部的渗流场，从图中可以看出：轴向应力作用流量是围压作用的 6 倍，说明围压对渗透率的影响远大于轴向应力。多场作用下的流量是围压作用的 6 倍，气压作用的 5 倍，与轴向应力作用差不多。

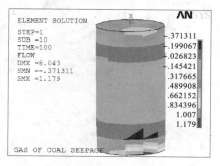
(a)轴向应力作用

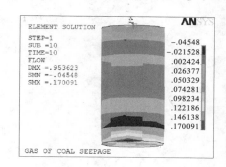
(b)围压作用

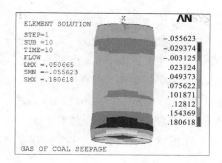
(c)气压作用

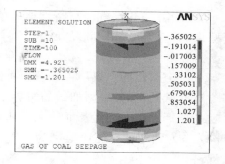
(d)多场耦合作用

图 6.34　单场与多场作用下的渗流场

图 6.35 为单场作与多场作用下试件内部的孔隙压力，从图中可以看出：轴向应力作用的孔隙压力为围压作用的 6 倍，说明轴向应力对孔隙压力的影响大于围压。多场作用下孔隙压力是围压作用时的 8 倍，轴向应力作用的 1.3 倍，气压作用的 5 倍。说明多场作用下对孔隙压力的影响最大。

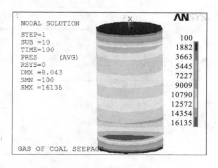
(a)轴向应力作用

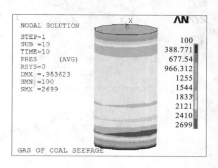
(b)围压作用 HT

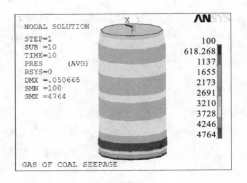

(c)气压作用

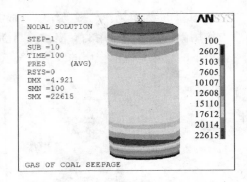

(d)多场耦合作用

图 6.35　单场与多场作用下的孔隙压力

6.4.2　声场作用下煤层气渗流特性的数值模拟

声场作用下煤层气渗流特性地质模型尺寸为长 100m×宽 50m×高 17.2m，模型共 4 个岩层，如图 6.36 所示，各层力学参数如表 6.3 所示，其中煤层气气体参数为：密度 0.714kg·m⁻³，黏性系数 0.108×10⁻³Pa·s。声波在煤层中沿 X 与 Y 轴方向传播。煤层中布置一抽采钻孔，孔深 80m，直径 90mm 的钻孔，如图 6.36(b)所示。模型加载的边界条件为前、后面应力为 26.9MPa，左、右面应力为 15.3MPa，上表面应力为 10.4MPa，模型四周和底面位移约束，岩体本构关系为弹塑性，屈服准则为 DP 准则。分析软件用 ANSYS12.1 进行数值分析。

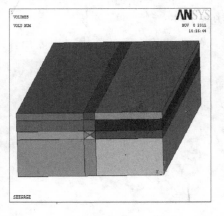

(a)分析模型

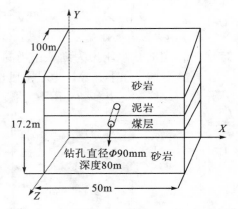

(b)地质模型

图 6.36　声场作用下煤层气渗流地质模型

表 6.3　模型岩层力学参数

岩层名称	厚度/m	容重 $\gamma/(kN \cdot m^{-3})$	弹性模量 E/MPa	泊松比 μ	抗拉强度 σ_t/MPa	内聚力 C/MPa	内摩擦角 $\varphi/°$
砂岩	2.0	27.09	48756	0.22	5.75	27.33	28.4
泥岩	3.0	25.31	5 934	0.22	2.87	14.60	16.3
煤层	2.2	14.69	1 510	0.14	1.24	1.51	35.5
砂岩	10.0	27.40	53861	0.27	4.65	19.50	26.9

在煤层气钻孔抽采中声场作用模拟两种条件：①相同功率，不同频率声场作用抽采钻孔周边流场的变化规律，声场频率分别为 0kHz 、15kHz、27.7kHz、34.1kHz，功率为 2200W。②相同频率，不同功率声场作用抽采钻孔周边流场的变化规律，声波频率为 15kHz，功率分别为 800W、1320W、1760W、2200W。模拟结果如图 6.37 ～图 6.40，图 6.37～图 6.38 可以看出：

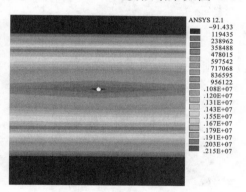

(a)不加声场

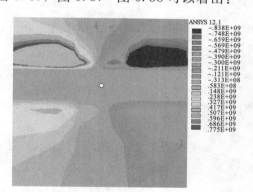

(b)频率 15kHz

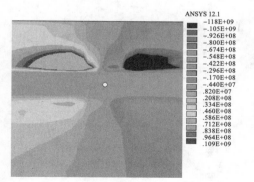

(c)频率 27.7kHz

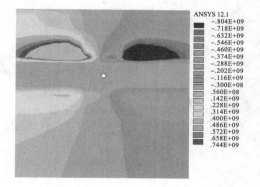

(d)频率 34.1kHz

图 6.37　功率 2200W 在不同频率作用下的孔隙压力图

声场作用下，钻孔周边孔隙压力比不加声场作用有所增大。相同频率作用下，功率越大，钻孔周边孔隙压力就越大。图 6.39～图 6.40 可以看出：相同功率下，声波频率对钻孔周边渗流场的影响不明显。相同频率下，功率对钻孔周边渗流场的影响比较明显。数值模拟得出，超声波的机械作用，使煤体产生变形，有利于气体的流动，从而可以改变气体的渗流场和孔隙压力，对提高煤层气抽采率有促进作用。

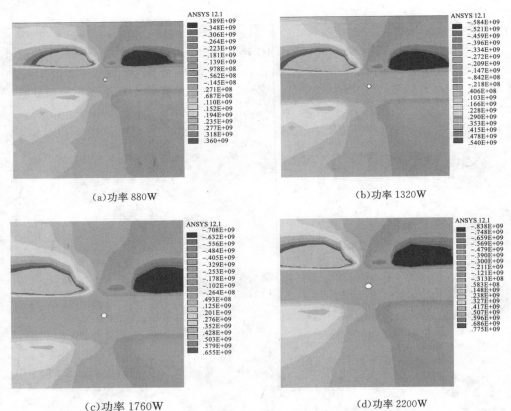

(a)功率 880W　　　　　　　　　　　　　　　　(b)功率 1320W

(c)功率 1760W　　　　　　　　　　　　　　　　(d)功率 2200W

图 6.38　频率 15kHz 在不同功率作用下的孔隙压力图

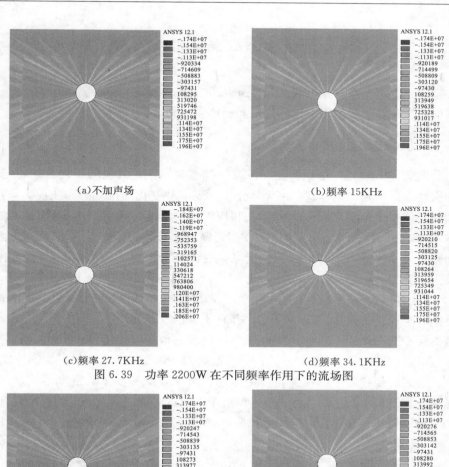

(a)不加声场　　　　　　　　　　　　　(b)频率 15KHz

(c)频率 27.7KHz　　　　　　　　　　　(d)频率 34.1KHz

图 6.39　功率 2200W 在不同频率作用下的流场图

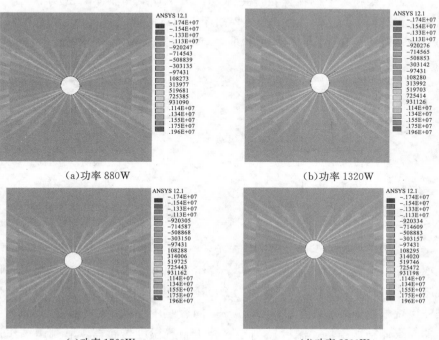

(a)功率 880W　　　　　　　　　　　　(b)功率 1320W

(c)功率 1760W　　　　　　　　　　　(d)功率 2200W

图 6.40　频率 15kHz 在不同功率作用下的流场图

6.5　声场促进甲烷气解吸扩散渗流的机理

根据声波的特性，在促进煤层气解吸扩散渗流方面，其作用机理主要是超声波的机械振动、热效应作用和使煤基质产生损伤。

6.5.1　机械振动作用

若向煤体中辐射大功率声波，声波的波型为纵波，其波的传播方向将与质点的振动方向一致，这样就会使煤体介质受到交替变化的拉应力和压应力作用，从而使煤体产生相应交替变化的伸长和压缩弹性形变，质点产生疏密相间的纵向振动（如图 6.41 所示）。若声波的波型为横波，其波的传播方向与质点的振动方向垂直，使煤体产生弹性剪切。当煤体受到交变的剪切力作用时，将会相应地发生交变的剪切形变，介质质点产生具有波峰和波谷的横向振动（如图 6.42 所示），这样就会在界面上产生强烈的剪切力和振动。在声波的振动作用下，导致毛细管半径发生时大时小的变化，有利于煤层气从过渡孔隙中解吸扩散；在声波的强烈振动作用下，煤体质点发生位移和易破碎，使煤体中产生新的裂缝网，造成煤的裂隙和孔隙增多，有利于煤层气的扩散和渗流；在声波的振动作用下，煤岩骨架和其中的流体也产生振动，由于骨架和流体的密度不同，产生的加速度和振幅不同，使流体－固体界面产生相对运动，达到一定的程度就有撕裂的趋势，使气体和煤岩的附着力减弱，有利于气体从煤体中解吸。

图 6.41　纵波　　　　声波的传播和质点振动方向　　　　波的传播方向　　质点振动方向　　图 6.42　横波

6.5.2　热效应作用

声场作用下热效应装置如图 6.43 所示，主要由机架、千斤顶、甲烷气瓶、大功率声波发生器、温度监测、真空泵等组成。机架容腔用于放置煤粉，尺寸为 $\phi15cm \times 40cm$ 的圆柱体。千斤顶为 200kN，用于轴向加载，将容腔中的煤粉压实。甲烷气瓶中甲烷的浓度为 99.9%，向容腔中注入甲烷气体。大功率声波发生器向煤体施加声场。温度监测在容腔中布置温度传感器，监测声场作用下煤体的温度变化规律。真空泵将煤样抽真空，然后注入甲烷。

图 6.43　声场作用下热效应实验装置

　　实验研究了煤样 SAM2 在声波作用下的热效应特性，煤样加载压力为 40kN，声波频率为 15kHz，换能器功率为 1000W。实验测得煤样在气压为 0.2MPa、0.4MPa 和 0.6MPa 作用下升高温度与时间关系曲线如图 6.44 所示。从图中可以看出，在声波作用下，煤内的温度升高，在前 200min 内，煤样的温度升高较快，在 200min 之后升高速度较慢，这表明声波将一部分能量转化为热能，从而促进煤层气的解吸扩散。从图中可以看出，随气压增大，煤-气系统的温度稍有增加。

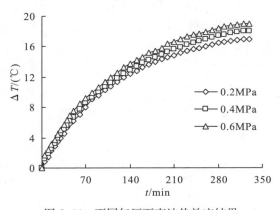

图 6.44　不同气压下声波热效应结果

　　通过以上实验研究表明，声波热效应可以促进甲烷解吸扩散，降低煤对甲烷的吸附能力，当温度升高时，甲烷分子的热运动加快，煤层气的活性增大，更加难于被煤体吸附，同时已被吸附的甲烷分子获得动能，使布朗运动加剧，其脱附的能量增大，易于从煤体表面脱逸出来，使得原本平衡的吸附解吸向解吸方向发展，即吸附煤层气从煤体解吸，待达到新的平衡后，煤表面所吸附的甲烷分子少于之前吸附的分子数。热效应可以分为直接热效应和间接热效应，声波辐射是一种能量辐射，当声波穿过含甲烷的煤体时，由于煤体的黏滞性造成质点之间的内摩擦而吸收一定的声能，这部分声能将转变为热能，使煤体的局部温度升高，从而煤体的平均温度升高，有利于降低煤对甲烷气体的吸附量，促进煤层的解吸扩散，这是声波的直接热效应；而解吸扩散是一个吸热过程，声波为甲烷的解吸扩散过程不断地提供能量，使解吸扩散过程得以持续，又因热效应使煤体温度升高，从而加大自由气体分子的碰撞为气体脱附提供能量，甲烷气体分子的热运动越剧烈，其动能越高，吸附甲烷分子发生脱附的可能性就越大，或者说其表现为吸附性越弱。在高频声波作用下，这种相对运动会使界面产生一定的摩擦热，也会引起局部温度升高，这是声波作用的间接热效应，综上可以得出，声波热效应可以促进煤层气的解吸扩散。

6.5.3　煤与甲烷分子间的作用关系

　　煤对甲烷的吸附主要是通过煤表面极性分子 London 色散力与非极性甲烷分子间发生吸引作用，总体上可用煤表面的势能分布来描述，如图 6.45 所示，图中 d 为距煤表面的距离；V_e 为表面势能；V_{e0} 为势阱深度。当甲烷分子势能 V_{eg} $<V_{e0}$ 时则被吸附，否则解吸。在有外加声场 $J=J_0 e^{f\omega t}$ 条件下，距煤表面 d_0 处的煤表面分子势能将由原来常量 V_{e0} 变为随时间 t 振荡的变量 $W(t)=V_{e0}+W_J$ $=V_{e0}+f(J^2)$。所以煤表面合成势能总有 $W(t)=V_{e0}+W_J \geqslant V_{e0}$ 的阶段存在，煤表面势能的提高，就使甲烷分子被吸附的概率降低。

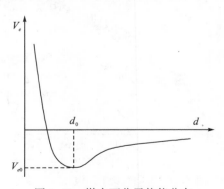

图 6.45　煤表面分子势能分布

煤表面分子与气体分子之间的作用势能可分为二类：一类是煤表面的永久偶极矩电性与瓦斯分子中被该永久偶极矩诱导产生的偶极矩之间的相互作用能，$U \propto r^{-6}$。二类是非极性分子之间的势能，$U \propto r^{-6}$，U 为势能，r 为间距。据 Fritz London 的研究，认为非极性分子间色散力由瞬间偶极矩的作用产生，其相互间的作用势为 London 作用势 U_L，可用下式表示：

$$U_L = -\frac{3h_A h_B v_A v_B}{2(h_A v_A + h_B v_B)} \frac{\alpha_A \alpha_B}{(4\pi\varepsilon_0)^2 r^6} \tag{6.30}$$

式中，ε_0 为真空介质常数；α_A，α_B 分别为 A，B 分子的极化率；v_A，v_B 分别为 A，B 分子的瞬间偶极矩振动频率，内层电子振动频率为 10^{19} Hz；h_A，h_B 分别为 A，B 物质的 Plank 常数。

由式(6.30)可知，在外加声场作用下，非极性分子的瞬间偶极矩振动频率在 10^{19} Hz 与外加声场的频率 10^7 Hz 量级逼近，使 London 作用势 U_L 增加，从而降低非极性煤表面分子对瓦斯分子的捕获频率，这样甲烷与煤表面分子间的吸附作用就会减弱。

6.6 本章小结

(1)煤体的渗透率与所处的应力状态、温度、声震作用密切相关，研究得出：在不加声场作用下，当围压、孔隙压力、温度一定时，在煤样应力应变曲线的初始压密阶段和弹性阶段，渗透率随轴向有效应力的增大而减小。在应变硬化阶段，渗透率随轴向有效应力的增大而增大，临近试件破坏时，渗透率骤增；当轴向应力、孔隙压力、温度一定时，煤样渗透率随有效围压的增大而减小，呈负指数关系；当温度一定时，煤样所受的应力与孔隙压力同时增大时，有效轴向应力与有效围压之比由小变大时，煤样的渗透率与有效体应力呈先减小，后增大的趋势。若有效轴向应力与有效围压之比为定值，煤样的渗透率随有效体应力的增大而减小，后趋平缓，呈负指数函数关系。

(2)声场作用下煤样的渗透率增加，且渗透率随作用时间的增长而增大，在前人研究成果的基础上，建立了应力场、温度场、声场作用下的煤层气渗流方程。结合现场煤层气钻孔抽采，数值分析了不同频率、不同功率声波作用下抽采钻孔周边煤层气的渗流规律。数值模拟与现场试验研究表明，因超声波的机械作用，使煤体产生变形，有利于煤层气解吸与渗流，从而可以提高煤层气的抽采率。

(3)声震法能促进煤层气解吸、扩散，提高煤储层的渗透率，其机理主要源于声波的机械振动和热效应作用。

第 7 章　声震法促进煤层气渗流的现场试验研究

7.1　提高煤层气抽采率的激励技术

国内外提高煤层气的抽采率，增加煤储层渗透率的激励技术主要有水力压裂、水力割缝、注气、预裂爆破、水平井技术、物理场激励等。

1)水力压裂

水力压裂是利用地面、井下高压泵组，以超过地层吸液能力的排量将高黏度压裂液压入井内而在井底产生高压，当压力接近井壁附近的地应力并达到煤岩的抗拉强度时，使煤层产生裂缝并逐渐向前延伸，随后注入带有支撑剂的携砂液，让裂缝内填满支撑剂，停泵后，支撑剂对裂缝壁面产生支撑作用，在煤层中形成足够长、足够宽的填砂裂缝，从而改善煤层中裂缝导流能力，实现煤层气井增产。

水力压裂增渗效果与裂缝的起裂及延伸方向有关，裂缝的形成、扩展主要受围岩应力状态、储层类型的影响。地应力的分布直接控制着该层位压裂时裂缝的延伸方向，煤岩破裂后裂缝扩展方向总是垂直于最小主应力，当储层中含有大量天然裂缝时，压裂裂缝走向也变得复杂，压裂裂纹遭遇小尺寸裂缝时，影响相对较小。天然裂缝尺寸较大时，压裂裂纹可能变为多条，走向方位呈现不确定性。目前多采用最大拉应力理论[141]来预测起裂压力大小和方向。陈勉等[142]对天然岩样和人造岩样进行了真三轴实验条件下模拟，实时监测了裂纹扩展的全过程，对裂纹发展的影响因素进行了讨论。连志龙等[143]应用 ABAQUS模拟了水力压裂过程，得出：起裂压力与最小水平应力、初始孔隙压力成正比，裂缝长度和宽度与最小水平应力、孔隙压力呈反比。孙炳兴等[144]的低透突出煤层的现场水力压裂增透实验效果明显，瓦斯流量达到原来的 100 倍以上，走向方向上影响半径可达 50m。

水力压裂增渗技术存在的问题有：压裂施工中煤岩破碎产生大量的煤粉及大小不一的煤碎屑，极易积聚起来阻塞压裂裂隙前缘，导致压裂处理压力过高；煤岩吸附压裂液后会引起煤岩基质的膨胀及堵塞割理，从而降低割理孔隙度和渗透率及限制煤层吸附；煤层压裂液的滤失可以限制裂缝的延伸，降低压裂液的效率，极易伤害煤储层，增大脱砂的可能性。因此，煤层压裂时，应绕开井筒附近被污染的地层，更有效地连通井筒与煤层的天然裂缝系统，加快排水脱气，提高煤层的解吸速度，增大卸压范围，避免应力集中，降低煤粉量。

2）水力割缝

由于我国煤矿地质条件复杂，瓦斯含量高，瓦斯压力大，煤储层渗透率极低，渗透率在 $10^{-5} \sim 10^{-3}$mD，在煤矿井下顺层、穿层抽采煤层气中，常采用高压水射流割缝技术来提高煤层气的抽采率。在煤层气抽采钻孔周围煤体进行水射流割缝时，受高压水射流的动力冲击，在缝槽周围产生一定数量的新生裂隙，并在准静压作用下促进原生节理、裂隙等软弱面的开裂和微裂纹扩展，在煤体内存在大量的微裂纹并相互贯通，增大煤体裂隙率和裂隙连通率，提高煤层的透气性。

国内外学者对水力割缝提高煤层气抽采率的机理作了深入的研究，段康廉[145]实验研究了特大煤样采用水力割缝提高瓦斯渗透率，实验表明，水力割缝能提高瓦斯的排放量，当埋深 400m 时，割缝比钻孔的瓦斯排放量提高 25%。相同埋深的煤层，水力割缝后，初期瓦斯排放速度骤增，为钻孔的 2.0～2.5 倍；高压水射流破煤时，煤体主要受剪切、拉伸破坏，当前国际上公认的理论为 Crow 理论、Rehbinder 理论、Hashihi 切割方程[146]。常宗旭[147]研究得出，在水射流作用下，煤体中强度较弱的一系列微元首先破坏，形成裂隙，进入裂隙空间的水射流对裂隙发生的水楔作用，使裂隙尖端产生拉应力集中，导致裂隙迅速发展和扩大，裂隙与裂隙连通后使得大块的煤岩体脱落，形成破碎坑。李晓红、卢义玉等人[148]提出了利用脉冲水射流钻孔、切缝以提高松软煤层透气性和瓦斯抽采率的新思想。创新性地研发出多相振荡射流在低透气性煤层中高效抽采瓦斯关键技术，有效提高了瓦斯抽采率，成功解决了低透气性煤层瓦斯难以抽采的问题。通过长期的实验与理论研究，取得的创新成果有：①多相振荡射流及破煤岩特性研究。利用射流的涡旋特性，研究出一种气、固、液混合振荡且产生压力脉冲和自激空化的多相振荡射流，其脉冲压力是平均压力的 2.5 倍，冲蚀破碎煤岩能力提高 72%。②多相振荡射流在低透气性煤层中的动力效应研究。研究了多相振荡射流的动力特性，利用其在煤层中产生的动力致裂效应，激发低透气性煤层裂隙发育，促使瓦斯解吸，有效提高煤层透气性和瓦斯解吸率。③多相振荡射流在松软煤层中钻孔及切槽抽采瓦斯关键技术研究。研发了多相振荡射流沿煤层冲击钻孔技术，解决了钻孔易卡钻的技术难题，使我国在松软煤层顺层钻孔水平由 45～60m 提高到 120～147m；研发沿孔径向切槽技术，在煤层中形成孔、槽贯通的瓦斯涌出及抽采网格通道，使瓦斯抽采量提高 40%。④多相振荡射流抽采瓦斯系统装备研究。研发出适用于不同煤层地质条件的瓦斯抽采技术系统装备与工艺，并进行集成推广应用。⑤成果有效解决了高瓦斯低透气性松软煤层钻孔困难、瓦斯抽采率低的技术难题，将极大推动我国煤矿瓦斯抽采利用与灾害控制技术的进步，使我国低透气性煤层瓦斯抽采技术总体达到国际先进水平。

3) 注气

注气开采煤层气就是向储层注入 N_2、CO_2、烟道气等气体，其实质是向煤层注入能量，改变压力传导特性和增大或保持扩散速率不变，从而达到提高单井产量和气藏采收率的目的。按照注气方式的不同，分为先注气后采气的间断性注气模式和边注边采的连续注气模式。我国学者吴世妖等依据扩散渗流理论和多组分吸附平衡理论，通过室内试验，认为：间断性注气在吸附平衡后煤层部分采气区的原始压力增加，开采时压力梯度增加，渗流速度增加，衰减时间延长；连续性注气保持了维持煤层气流动的压力梯度不变，相对提高了渗流速度。另一方面注气造成的渗流速度增加又引起裂隙系统中煤层气分压下降速度加快，由此引起更多的吸附煤层气参与解吸，解吸扩散速率的增大，反过来又促使渗流速度加快。其次，煤层与混合气体达到吸附平衡后，每一组分的吸附量都小于其在相同分压下单独吸附时的吸附量。注气后，竞争吸附置换，必然使一部分吸附的煤层气解吸扩散，从而引起扩散速率、渗流速度和抽采率提高。孙可明[149] 研究了耦合与非耦合条件下，向煤层注入 CO_2 提高煤层气产量的机理，得出：不论耦合与非耦合情况，注入的 CO_2 浓度升高区范围内，煤层 CH_4 的浓度下降很快，这是因为 CO_2 气体不但减少了煤层 CH_4 的分压，加速了煤层 CH_4 的解吸，且竞争吸附置换煤层 CH_4 分子，大量的煤层甲烷解吸进入割理裂隙系统。耦合情况与非耦合情况比较，前者的储层压力、基质内 CO_2 浓度和裂隙系统内 CO_2 饱和度比后者的升高得慢，且注气的驱替影响范围前者比后者小，停止注气后，前者的储层压力比后者的储层压力消散下降得慢。注气后煤层气的日产气量和累积产气量明显比未注气情况下日产气量和累积产气量高，因此注气开采煤层气是提高低渗透煤层气非常有效的增产途径。

4) 预裂爆破

预裂爆破技术是通过特殊的装药结构和技术，使炸药爆炸产生的冲击波和爆轰应力波形成与炮孔连线方向垂直的拉应力，将爆破介质拉裂，大量的爆轰气体高速贯入裂隙形成气楔，将裂隙贯通、扩展，在钻孔周边形成破碎圈、松动圈和裂隙圈[150~152]。预裂爆破抽采瓦斯技术其实质是在煤层中间间隔一定距离打钻孔，间隔装药，其中不装药的钻孔作为导向孔，对爆破裂隙发展起控制导向作用。爆破后煤体内形成由钻孔连接而成的主裂隙面及各钻孔附近的分支裂隙面，进而形成了裂隙网，煤层的透气性大大增加，提高了瓦斯的抽采率。

淮南矿业集团顾桥煤矿的徐金平在综采面防治瓦斯上运用松动爆破技术，先后采取了瓦斯抽采、超前钻孔释放瓦斯等措施，经采取深孔松动爆破技术后，彻底消除了瓦斯超限现象，保证了矿井安全生产，深孔松动控制爆破的孔深一般是 8~12m。煤炭科学研究总院抚顺分院的张兴华利用深孔控制预裂爆破强化瓦斯抽采消除回采工作面突出危险性，深孔控制预裂爆破可提高松软低透气性突出煤层的瓦斯抽采率；深孔控制预裂爆破的孔深是 65m，孔径 91mm。"七五"期间，抚顺煤科院在焦西矿试验[153]，在上下顺槽向煤体内打孔进行预裂爆破，提高煤层透气性取得了成功。现场试验沿顺槽方向每隔 10m 左右距离，向煤体内打孔，孔深 45m，爆破孔和控制导向孔交替布置，深孔预裂爆破后，煤层透气性系数提高了 1.45 倍，百米钻孔流量提高了 1.46 倍，抽采率提高了 1.5 倍，抽采时间缩短了 1/3。预裂爆破提高煤层透性取得了一定的效果，但还存在一些问题，主要有：钻孔长度小，一般不超过 50m；不能形成有效的贯通裂隙带；经济效益差；易诱发煤与瓦斯突出[154]。

5）水平井技术

煤层气水平井是一种成本不是很高但增产效果非常好的开采工艺技术，应用于地面抽采煤层气的开采。水平井是从钻井工程方面改善煤层原始应力分布和煤层原始结构状态，提高煤层渗透性的有效方法。在水平井的水平段采取完全裸眼的完井方式，增加了煤层的裸露面积，扩展煤层流体的泄流面积，提高煤层气井泄压体积，增加采收面积，提高煤层气井的产能和产量。

在煤层气开发方面美国最初从圣胡安、黑勇士盆地的中煤阶气肥煤，逐步发展到低煤阶褐煤和高煤阶贫煤、无烟煤，并针对不同地质条件下煤层渗透性、力学性质、井壁稳定性，形成了一套煤层气开发技术系列。澳大利亚充分吸收美国煤层气资源评价和勘探、测试方面的成功经验，针对本国煤层含气量高、含水饱和度变化大、原岩地应力高等地质特点，成功开发和应用了水平井高压水射流改选技术，使鲍恩盆地的煤层气勘探开发取得了重大突破，一些矿井已广泛应用水平钻孔、斜交钻孔和地面采空区垂直钻孔抽采煤层气[155,156]。

我国煤矿地质条件复杂，煤层的渗透率极低，地面抽采占 20% 左右，煤层气开采普遍采用常规石油天然气开采技术，实践证明，不能完全适用于煤层气开采。我国煤层具有钻水平井的有利储层条件，在煤层中钻水平井的工具、测量仪器、设备和工艺技术国内已基本具备，2004 年，亚美大陆在大宁煤矿成功地实施了对我国第一口煤层气多分支水平井 DNP02 井的钻探作业，该井总进尺 8018m，共 13 个分支，投产四年多，产气量稳定在 $2\times10^4 m^3 \cdot d^{-1}$，DNP02 井的成功，推动了我国煤层气多分支井技术的发展和应用。继 Orion Energy 公司在大宁煤矿成功钻探 DNP02 井后，2005 年中国石油天然气股份公司廊坊分院在山西娄烦县钻成武 M1-1 井，为大宁煤矿钻成 DNP01 井、DNP03 井。2006 年为大宁煤矿钻成 DNP05 井、DNP06 井、DNP07 井，为中联煤层气公司钻成 DS01-1 井、DS02-1 井以及远东能源 FCC-HZ03H 井，这些煤层气多分支水平井大都位于煤层储存条件较好的沁水盆地[157]。

6）物理场激励

在物理场激励方面，国内外许多学者围绕外加物理场对煤层气吸附、解吸、渗流特性等方面开展了大量的室内研究工作，Тарасов 研究了地电场煤层对煤层气吸附特性的影响，表明：当通过煤的电流在 $0\sim300\mu A$ 时，煤对煤层气的吸附量开始是逐步增加，当电流达到 $150\mu A$ 时，吸附量达到最大值，随后吸附又随电流增加而减小。何学秋[158]研究了交变电磁场对煤吸附特性的影响，认为：外加电磁场改变了煤表面势能，从而使吸附量减小，并发现电磁场作用下煤层气放散初速度和解吸速度高于非突出煤；鲜学福团队研究了静电场作用能促进煤层气解吸，交变电场和声场作用下煤对甲烷的吸附减少、解吸量增加和渗透率提高，在交变电场作用下，随着电压的升高，煤样的饱和吸附量变化不大，而吸附能力却逐渐减弱。在声场作用下，煤对甲烷的吸附量随声强增大而减小。目前物理场激励提高煤层气抽采率的机理局限于实验室研究，还未在现场开展应用研究。

7.2　声震法促进煤层气渗流的现场试验

通过前面几章的研究，得出声波的机械振动、热效应作用能促进煤层气的解吸、扩散、渗流，从而可以提高煤层气的抽采率。在煤层气抽采中利用声震法技术，就是在常规的地面钻采、井下抽采（顺层抽采、底板穿层抽采）中实施声震法技术。

7.2.1　实验现场情况

1）实验地点地质概况

中梁山煤田为一顶部平缓、两翼陡峻而狭窄并近乎对称的紧凑长轴背斜层，区域构造位置为新华夏系华蓥山复式背斜群的中轴－观音峡背斜层的南延部分，井田面积约 $5km^2$，煤层地层为二叠系龙潭组，矿区含煤 10 层（由上至下编号 K_1 $\sim K_{10}$ 煤层），可采煤层 9 层，全区可采 5 层（K_1、K_3、K_4、K_9、K_{10}），受构造和埋深的控制，矿区瓦斯含量和压力普遍较高。背斜两翼由老而新依次出露二叠系长兴灰岩，三叠系飞仙关统、嘉陵江统、侏罗系香溪统、自流井统、重庆统。

现场试验地点位于中梁山煤电气公司南矿-20m 水平北西区采区 0420-1$_{上}$ 工作面，地面标高$+600 \sim +626$m，工作面标高$+50 \sim +130$m。其地表位置对应地表在林桥至水井湾一带山地，属二叠系长兴灰岩，井下位置位于南矿井$+50 \sim +130$m 水平北西煤柱石门至二石门之间，$+130$m 水平为进风巷，$+50$m 水平为回风巷。上水平煤层 K_1、K_2、K_3、K_4、K_5、K_8 已采，K_7、K_{10} 煤层未采，K_9 煤层正在回采，本水平所有煤层未采。

0420-1$_{上}$ 工作面 0420$_{上}$ 工作面平均走向 298m，平均斜长 87.0m，其预计主要回采煤层为 K_2 煤层，煤层倾角 $66°$，煤层走向 NE10$°$，煤层厚度 $0.80 \sim 1.00$m，煤质以暗煤、亮煤相间组成，以暗煤为主、半暗型，沉积稳定，煤层结构简单，煤层顶底板情况如表 7.1 所示。K_2 煤层属于不突出危险煤层，煤层原始透气性系数为 $0.018 \sim 0.8$m$^2 \cdot$ (MPa$^2 \cdot$ d)$^{-1}$，属于低透气性煤层，瓦斯含量为 17.9 m$^3 \cdot$ t^{-1}，煤尘爆炸指数为 $14.29\% \sim 18.91\%$，具有爆炸性危险，煤的自燃为三级，属不易自燃煤层，地温为 $21.5°$C。

工作面地质构造简单，根据上部 K_2 煤层采后情况，该水平地质构造相对较简单，在掘进过程中有可能遇到隐伏的小断层。本煤层在本区域为首采层，上部采空区水和顶板裂隙水将渗透到工作面中，其最大涌水量 15m$^3 \cdot$ h^{-1}，正常涌水量为 5m$^3 \cdot$ h^{-1}，该水平水文地质条件较复杂，在掘进过程中应加强探放水管理。

表 7.1　K_2 煤层顶底板岩性

名称顶底板	岩石名称	厚度/m	岩性描述
老顶	粉砂岩	2.30	黄褐色、中厚层状，显水平层理
直接顶	细砂岩	2.05	浅灰色、成分以石英为主，薄层状
伪顶	泥岩	0.40	灰色、黄灰色，薄层状
直接底	黏土岩	1.60	灰白色黏土岩、含砂质，含较多的植物化石碎屑
老底	粉砂岩	2.18	黄褐色、显水平层理，含炭质条带

2) 钻孔布置

煤层气顺层抽采中实施声震法技术，煤层倾角 $66°$，为急倾斜煤层，声震孔为 ϕ108mm，孔深约 18m，瓦斯抽采钻孔为 ϕ48mm，孔深约 40m，分别钻 2 个声震孔和 4 个抽采孔，其中两个声震孔间距为 1m，1$^{\#}$ 抽采孔距离声震孔 1m，2$^{\#}$ 抽采孔距离声震孔 2m，3$^{\#}$ 抽采孔距离声震孔 3m，4$^{\#}$ 抽采孔距离声震孔 5m，钻孔布置方式如图 7.1 所示，监测声波作用过程中，不同距离处瓦斯抽采钻孔流量的变化规律，分析声波提高煤层气抽采率的效果。

7.2.2　现场实验方法与数据分析

1) 实验前准备工作

(1) 打钻孔：用钻机分别钻声震孔和瓦斯抽采钻孔，其钻孔布置如图 7.1 所示。

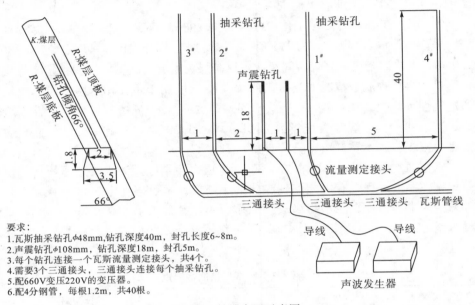

要求：

1. 瓦斯抽采钻孔 ϕ48mm，钻孔深度40m，封孔长度6~8m。
2. 声震钻孔 ϕ108mm，钻孔深度18m，封孔5m。
3. 每个钻孔连接一个瓦斯流量测定接头，共4个。
4. 需要3个三通接头，三通接头连接每个抽采钻孔。
5. 配660V变压220V的变压器。
6. 配4分钢管，每根1.2m，共40根。

图 7.1　钻孔布置示意图

(2) 密封换能器：用 ϕ75mmPVC 管和 A、B 胶密封换能器电源线露头，其密封效果如图 7.2 所示。

图 7.2　换能器电源线露头密封

（3）安装超声波换能器探头并密封钻孔，此次实验用换能器为 15kHz，功率为 6kW，将换能器前端注入黄油作为耦合剂，然后用安装杆将换能器放入声震孔孔底中，然后用水泥砂浆将孔口前端密封 5m，确保实验安全。

（4）抽采瓦斯钻孔与瓦斯抽采管路相连，每个钻孔连接一个 CJZ70 瓦斯抽采综合参数仪测定接头，用于监测瓦斯流量。

2）实验操作

（1）在准备工作完成后，将声波发生器（见图 7.3）运送到实验地点，并连接好电源线。

（2）在未加声场前测量 3 次瓦斯流量值，取其平均值作为初始值，然后再打开声波发生器，作用一段时间后分别测量各个钻孔的流量值，测量时采用连续测量的方法，以 1—4—2—3—1—4—2—3 的顺序循环两次，声波作用时长为 2h。实验中瓦斯流量测量仪器为 CJZ70 瓦斯抽采综合参数仪（图 7.4），专门用于煤矿井下测定钻孔瓦斯浓度、流量、负压及温度等参数，技术指标为：甲烷浓度范围 0.0～100.0%，瓦斯流量范围 0.0～70m³ · min⁻¹，气压范围 0.0～100kPa，温度范围－10～50 ℃。

图 7.3　声波发生器

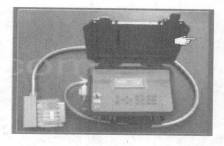

图 7.4　CJZ70 瓦斯抽采综合参数仪

3）现场实验数据

根据以上实验方法，用 CJZ70 瓦斯抽采综合参数仪测定了声波作用过程中每个抽采钻孔的流量，测试结果如表 7.2 所示。

表 7.2　瓦斯流量与声波作用时间的变化

钻孔号	声场作用时间/min	流量/（m³ · min⁻¹）	负压/kPa
1#	0	0.225	9.6
	15	0.236	9.5
	60	0.245	9.6
	75	0.251	9.7
	120	0.259	9.6

续表

钻孔号	声场作用时间/min	流量/（m³·min⁻¹）	负压/kPa
	0	0.161	7.9
	25	0.191	8.1
2#	50	0.196	8.2
	85	0.192	8.2
	110	0.188	8.1
	0	0.215	9.6
	30	0.23	9.6
3#	45	0.23	9.7
	90	0.236	9.6
	105	0.237	9.6
	0	0.201	9.6
	20	0.209	9.6
4#	55	0.212	9.7
	80	0.218	9.6
	115	0.213	9.5

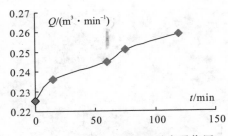

图 7.5　1# 钻孔瓦斯流量随声震作用
时间变化图

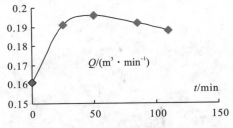

图 7.6　2# 钻孔瓦斯流量随声震作用
时间变化图

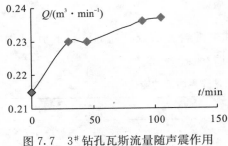

图 7.7　3# 钻孔瓦斯流量随声震作用
时间变化图

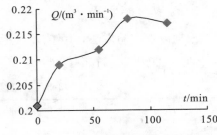

图 7.8　4# 钻孔瓦斯流量随声震作用
时间变化图

由图 7.5~图 7.8 和表 7.2 可知，煤层瓦斯流量在加声场比不加声场的情况下提高了，最终，1# 钻孔流量提高了 $0.038m^3·min^{-1}$，2# 钻孔提高了 $0.027m^3·min^{-1}$，

$3^{\#}$钻孔提高了 $0.022\text{m}^3 \cdot \text{min}^{-1}$，$4^{\#}$钻孔提高了 $0.017\text{m}^3 \cdot \text{min}^{-1}$。根据图 7.1 钻孔布置图中各钻孔的位置，得出：离声波震源越近，作用效果越明显，离声波震源越远，由于声波发生衰减，声波作用效果慢慢降低，其钻孔流量衰减如图 7.9 所示。

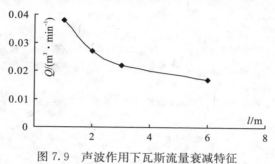

图 7.9　声波作用下瓦斯流量衰减特征

7.3　本章小结

现场试验研究表明，声震法强化煤层气高效提采具有可行性，研究成果为低渗透煤层提高煤层气抽采率探索出一种新技术。

参 考 文 献

[1] 鲜学福. 间接法预测煤层气含量参数讨论. 第八届全国渗流力学会报告 [R]. 2005：1-20.

[2] 李世臻, 曲英杰. 美国煤层气和页岩气勘探开发现状及对我国的启示 [J]. 中国矿业, 2010, 19 (12): 17-21.

[3] 易俊, 鲜学福, 姜永东, 等. 煤储层瓦斯激励开采技术及其适应性 [J]. 中国矿业, 2006, 14(12): 26-29.

[4] 李晓红, 卢义玉, 赵瑜, 等. 高压脉冲水射流提高松软煤层透性的研究 [J]. 煤炭学报, 2008, 33 (12): 1386-1390.

[5] 赵阳升, 杨栋. 低渗透煤储层煤层气开采有效技术途径的研究 [J]. 煤炭学报, 2001, 26(5): 455-458.

[6] 杜云贵. 地球物理场中煤层瓦斯吸附、渗流特性研究 [D]. 重庆大学博士学位论文, 1993.

[7] 徐龙君. 突出区煤的超细结构、电性质、吸附特征及其应用的研究 [D]. 重庆大学博士学位论文, 1996.

[8] 刘保县. 延迟突出煤的物理力学特征和煤延迟突出机理研究 [D]. 重庆大学博士学位论文, 2000.

[9] 易俊. 超声波提高煤层气抽采率的机理及技术原理研究 [D]. 重庆大学博士论文, 2007.

[10] 王宏图, 杜云贵, 鲜学福. 地球物理场中的煤层瓦斯渗流方程 [J]. 岩石力学与工程学报, 2002, 21(5): 644-646.

[11] 姜永东, 鲜学福, 易俊. 超声波促进煤中甲烷气解吸规律的实验及机理 [J]. 煤炭学报, 2008, 33 (6): 675-680.

[12] 姜永东, 熊令, 阳兴洋, 等. 声场促进煤中甲烷解吸的机理研究 [J]. 煤炭学报, 2010, 35(10): 1649-1653.

[13] 陈昌国, 鲜学福. 煤结构的研究及其发展 [J]. 煤炭转化, 1998, 21(2): 7-13.

[14] 周世宁, 林柏泉. 煤层瓦斯赋存与流动理论 [M]. 北京：煤炭工业出版社, 1999：5-12.

[15] 中国煤田地质总局. 中国煤层气资源 [M]. 北京：地质出版社, 1998：91-119.

[16] 张建博, 王红岩, 赵庆波. 中国煤层气地质 [M]. 北京：地质出版社, 2000：35-51.

[17] Ходот B B. 煤与瓦斯突出 [M]. 宋士钊译, 北京：中国煤炭出版社, 1996：19-30.

[18] Elliot M A. 煤利用化学 [M]. 徐晓, 吴奇虎, 鲍汉深等译, 北京：化学工业出版社, 1961: 142-155.

[19] Walker P L. Densities, porosities and surface area of coal macerals as measured by their interaction with gases, vapours and liquids [J]. Fule, 1998, 67(10): 1615-1623.

[20] Gan H, Nandi S P, Walker P L. Nature of porosity in American coals [J]. Fule, 1972, 51: 272-277.

[21] 郝琦. 煤的显微孔隙形态特征及其成因探讨 [J]. 煤炭学报, 1987(4): 51-56.

[22] 张慧, 王晓刚. 煤的显微构造及其储集性能 [J]. 煤田地质与勘探, 1998(6): 33-35.

[23] 张素新, 肖红艳. 煤储层中微孔隙和微裂隙的扫描电镜研究 [J]. 电子显微学报, 2000, 19(4): 531-532.

[24] 余审翰. 煤层内瓦斯的赋存状态 [J]. 煤炭学报, 1981, (2): 1-4.

[25] 张力，何学秋，王恩元，等. 煤吸附特性的研究 [J]. 太原理工大学学报，2001，32(4)：449-451.

[26] 杜云贵. 地球物理场中煤层瓦斯吸附、渗流特性研究 [D]. 重庆大学博士学位论文，1993.

[27] 蔡炳心. 基础物理化学 [M]. 北京：科学出版社，2001：510-518.

[28] 陈昌国. 煤的物理化学结构和吸附机理的研究 [D]. 重庆大学博士论文，1995.

[29] 钟玲文，张新民. 煤的吸附能力与其煤化程度和煤岩组成间的关系 [J]. 煤田地质与勘探，1990，18(4)：29-35.

[30] Moffat D H, Weale K F. Sorption by coal of methane at high pressure [J]. Fuel, 1955(34)：417-428.

[31] Yang R T, Saunders J T. Adsorption of gases on coals and heat-treated coals at elevated temperature and pressure [J]. Fuel，1985(34)：314-327.

[32] Gregg S J, Sing K S. Adpsorption, surface area and Porosity [M]. London：Academic press，1982.

[33] 陈宗淇，王光信，徐桂英. 胶体与界面化学 [M]. 北京：高等教育出版社，2001：42-84.

[34] 钟玲文. 煤的吸附性能及影响因素 [J]. 中国地质大学学报(地球科学)，2004，29(3)：327-332.

[35] 陈洋，陈大力，罗海珠. 煤中水分对煤吸附甲烷量的影响 [J]. 煤矿安全，2001，(4)：117-119.

[36] Jouber J I Grein C T, Bienstock D. Sorption of methane in moist coal [J]。Fuel，1973，52 (3)：181-185.

[37] 谢振华，陈绍杰. 水分及温度对煤吸附甲烷的影响 [J]. 北京科技大学学报，2007，29(增2)：42-44.

[38] 钟玲文，郑玉柱，员争荣，等. 煤在温度和压力综合影响下的吸附性能及气含量预测 [J]. 煤炭学报，2002，27(6)：581-584.

[39] 梁冰，刘建军. 煤和瓦斯突出发生过程中的温度作用机理研究 [J]. 中国地质灾害与防治学报，2000，11 (1)：79-82.

[40] 陈昌国，辜敏，鲜学福. 煤的原子分子结构及吸附甲烷机理研究进展 [J]. 煤炭转化，2004，26(4)：5.

[41] 周世宁，林柏泉. 煤层瓦斯赋存与流动理论 [M]. 北京：煤炭工业出版社，1999：5-12.

[42] 崔永君，张群，张泓，等. 不同煤级煤对 CH_4、N_2 和 CO_2 单组分气体的吸附 [J]. 天然气工业，2005，25(1)：61-65.

[43] 张晓东，秦勇，桑树勋. 煤储层吸附特征研究现状及展望 [J]. 中国煤田地质，2005，17(2)：16-20.

[44] Greaves K H, Owen L B, Mclenman J D. Multi-component gas adsorption desorption behavior of coal [J]. Proceedings of the International Coalbed Methane Symposium，1993：197-205.

[45] Кричевскчр М. Олрирод Внеуапных Лвыдепенивыгь Росовуяаяияауа [J]，Бяоааетень Макнин，1948 (18).

[46] 于永江，张春会，王来贵. 超声波干扰提高煤层气抽采率的机理 [J]. 辽宁工程技术大学学报(自然科学版)，2008，27(6)：805-808.

[47] 刘建军，裴桂红. 我国渗流力学发展现状及展望 [J]. 武汉工业学院学报，2002(3)：99-104.

[48] 杨其銮，王佑安. 煤屑瓦斯扩散理论及其应用 [J]. 煤炭学报，1986，11(3)：62-70.

[49] 郭勇义. 煤层瓦斯一维流场流动规律的完全解 [J]. 中国矿业学院学报，1984，2(2)：19-28.

[50] 谭学术. 矿井煤层真实瓦斯渗流方程的研究 [J]. 重庆建筑工程学院学报，1986，(1)：106-112.

[51] 余楚新，鲜学福. 煤层瓦斯流动理论及渗流控制方程的研究 [J]. 重庆大学学报，1989，12(5)：1-9.

[52] 孙培德. 煤层瓦斯流动理论及其应用 [A]. 中国煤炭学会 1988 年学术年会论文集. 北京：煤炭工业出版社，1988.

[53] 孙培德. 煤层瓦斯动力学及其应用的研究 [J]. 山西矿业学院学报，1989，7 (2)：126-135.

[54] 孙培德. 瓦斯动力学模型的研究 [J]. 煤田地质与勘探，1993，21 (1)：32-40.

[55] 孙培德. 煤层瓦斯流动方程补正 [J]. 煤田地质与勘探，1993，21 (5)：61-62.

[56] 周世宁，孙辑正. 煤层瓦斯流动理论及其应用 [J]. 煤炭学报，1965，2 (1)：24-36.

[57] Sun Peide. Coal gas dynamics and its applications [J]. Scientia Geologica Sinica，1994，3 (1)：66-72.

[58] 孙培德. 煤层瓦斯流场流动规律的研究 [J]. 煤炭学报，1987，12 (4)：74-82.

[59] Saghafi A. 煤层瓦斯流动的计算机模拟及其在预测瓦斯涌出和抽采瓦斯中的应用 [A]. 第 22 届国际采矿安全会议论文集. 北京：煤炭工业出版社，1987.

[60] 彼特罗祥. 宋世钊译. 煤矿沼气涌出 [M]. 北京：煤炭工业出版社，1983.

[61] 抚顺煤研所. 日本北海道大学木通口澄志教授部分论文及报告汇编 [R]，1984.

[62] 罗新荣. 煤层瓦斯运移物理模型与理论分析 [J]. 中国矿业大学学报，1991，20 (3)：36-42.

[63] 聂百胜，何学秋，李祥春，等. 真三轴应力作用下煤体瓦斯渗流规律实验研究 [J]. 第四届深部岩体力学与工程灾容控制学术研讨会论文集 [C]. 2009.

[64] 孙培德. 煤层气越流的固气耦合理论及其计算机模拟研究 [D]. 重庆：重庆大学，1998.

[65] 屠锡根. 试论上保护层开采的有效性 [J]. 煤炭学报，1965，2 (3)：20-26.

[66] 于不凡. 开采解放层的认识与实践 [M]. 北京：煤炭工业出版社，1986.

[67] 马大勋. 关于上保护层的实验研究与探讨 [J]. 煤炭学报，1986，11(3)：1-86.

[68] 孙培德. 变形过程中煤样渗透率变化规律的实验研究 [J]. 岩石力学与工程学报. 2001，20(增)：1801-1804.

[69] 曹树刚，李勇，郭平，等. 型煤与原煤全应力 - 应变过程渗流特性对比研究 [J]. 岩石力学与工程学报，2010，29(5)：899-906.

[70] 林柏全，周世宁. 含瓦斯煤体变形规律的实验研究 [J]. 中国矿院学报，1986，15 (3)：67-72.

[71] 许江，鲜学福. 含瓦斯煤的力学特性的实验分析 [J]. 重庆大学学报，1993，16(5)：26-32.

[72] Somerton W H，Soylemezoglu I M，Dudley R C. Effect of stress on permeability of coal [J]. International Journal of Rock Mechanics and Mining Sciences and Geomechanics Abstracts，1975，12 (5)：129-145.

[73] 靳钟铭. 含瓦斯煤层力学特性的实验研究 [J]. 岩石力学与工程学报，1991，10(3)：271-279.

[74] 谭学术，鲜学福，张广洋，等. 煤的渗透性研究 [J]. 西安矿业学院学报，1994(1)：22-26.

[75] 张广洋，胡耀华，姜德义，等. 煤的渗透性实验研究 [J]. 贵州工业院学报，1995，24(4)：65-68.

[76] Palmer I，Mansoori J. How permeability depends upon stress and pore pressure in coalbeds：a new model [J]. SPE ReservoirEvaluation Engineering，1998(12)：539.

[77] 李伍成，陶云奇. 含瓦斯煤渗透特性试验及其影响机理分析 [J]. 煤矿安全，2011，42(7)：12-15.

[78] 赵阳升，胡耀青. 孔隙瓦斯作用下煤体有效应力规律的实验研究 [J]. 岩土工程学报，1995，17 (3)：21-31.

[79] 孙培德，凌志仪. 三轴应力作用下煤渗透率变化规律实验 [J]. 重庆大学学报(自然科学版)，2000，23(增)：28-31.

[80] 姜永东，阳兴洋，熊令. 多场耦合作用下煤层气的渗流特性与数值模拟 [J]. 重庆大学学报，2011，34(4)：30-35.

[81] 黄启翔，尹光志，姜永东，等. 型煤试件在应力场中的瓦斯渗流特性分析 [J]. 重庆大学学报，

2008，31(12)：1436-1440.

[82] 李志强，鲜学福. 煤体渗透率随温度和应力变化的实验研究 [J]. 辽宁工程技术大学学报(自然科学版)，2009，28(增)：156-159.

[83] 隆清明，赵旭生，牟景珊. 孔隙气压对煤层气体渗透性影响的实验研究 [J]. 矿业安全与环保，2008，35(1)：10-12.

[84] 重庆大学矿山工程物理研究所. 地电场对煤层中瓦斯渗流影响的研究 [R]. 重庆大学矿山工程物理研究所，1993.

[85] 余楚新. 煤层中瓦斯富集、运移的基础研究 [D]. 重庆大学博士学位论文，1993.

[86] 程瑞端. 煤层瓦斯涌出规律及其深部开采预测的研究 [D]. 重庆大学博士学位论文，1995.

[87] 张广洋. 煤结构与煤的瓦斯吸附、渗流特性研究 [D]. 重庆大学博士学位论文，1995.

[88] 杨新乐，张永利，李成全，等. 考虑温度影响下煤层气解吸渗流规律试验研究 [J]. 岩土工程学报，2008，30(12)：1811-1814.

[89] 李志强，鲜学福，隆晴明. 不同温度应力条件下煤体渗透率实验研究 [J]. 中国矿业大学学报，2009，38(4)：523-527.

[90] 袁易全. 近代超声原理及应用 [M]. 南京：南京大学出版社，1996.

[91] 孙仁远，沈本善，严炽培. D2 声波采油技术研究及发展前景 [J]. 声学技术，1996，15(4)：192-193.

[92] 孙仁远，严炽培. 超声波对岩石渗透率影响的研究 [J]. 石油钻采工艺，1996，19(1)：154-157.

[93] 王冠贵. 声波测井理论基础及其应用 [M]. 北京：石油工业出版社，1988.

[94] 马大猷，沈嚎. 参考声学手册 [M]. 北京：科学出版社，2004.

[95] 《超声波探伤》编组. 超声波探伤 [M]. 北京：电力工业出版社，1980.

[96] 赵福兴. 控制爆破工程学 [M]. 西安：西安交通大学出版社，1988：58-60.

[97] 刘常洪，杨思敬. 关于煤甲烷吸附体系吸附规律的研究 [J]. 煤矿安全. 1992，(4)：1-5.

[98] Crosdale P J, Beamish B B, Valix M. Coalbed methane sorption related to coal composition [J]. International Journal of Geolog, 1998, 35：147-158.

[99] 赵志根，唐修义. 对煤吸附甲烷的 Langmui 方程的讨论 [J]. 焦作工学院学报，2002，21(1)：1-4.

[100] 李小彦，解光新. 煤储层吸附时间特征及影响因素 [J]. 天然气地球科学，2003，14(6)：502-505.

[101] 贾红英，王泽新. CO 吸附在过渡金属铂表面的微观动力学研究 [J]. 物理化学学报，2004，20(2)：144-148.

[102] 杨华平，李明，炎正馨，等. 甲烷分子在煤大分子骨架内吸附量子动力学研究 [J]. 信阳师范学院学报(自然科学版)，2013，26(1)：37-41.

[103] 郭平生，华贲，李忠，等. 超声波场强化解吸的机理分析 [J]. 高校化学工程学报，2002，16(6)：614-620.

[104] ЛйруниЛТ. 煤矿瓦斯动力学现象的预测和预防 [M]. 唐修义等译. 北京：煤炭工业出版社，1992.

[105] 杨其銮. 煤屑瓦斯放散随时间变化规律的初步探讨 [J]. 煤矿安全，1986(4).：3-11.

[106] 杨其銮，王佑安. 煤屑瓦斯扩散理论及其应用 [J]. 煤炭学报，1986，11(3)：62-70.

[107] 陈昌国，鲜晓红，杜云贵. 煤吸附与解吸甲烷的动力学规律 [J]. 煤炭转化，1996，19(1)：68271.

[108] 聂百胜，何学秋，王恩元. 瓦斯气体在煤层中的扩散机理及模式 [J]. 中国安全科学学报，2000，10(6)：24-28.

[109] 聂百胜，王恩元，郭勇义，等. 煤粒瓦斯扩散的数学物理模型 [J]. 辽宁工程技术大学学报，1999，18(6)：582-585.

[110] Ruckenstein E, Vaidyanathan A S, Youngquist G R. Sorption by solids with bidisperse pore structures [J]. Chem. Eng. Sci. , 1971, 26：1305-1318.

[111] C R Clarkson, R M Bustin. The effect of pore structure and gas pressure upon the transport properties of coal：a laboratory and modeling study. 2. Adsorption rate modeling [J]. Fuel, 1999, 78：1345-1362.

[112] Peter J. Crosdale B. Basil Beamish, Marjorie Valix. Coalbed methane sorption related to coal composition [J]. International Journal of Coal Geology, 1998, 35：147-158.

[113] Moffat D H, Weale K E. Sorption by coal of methane at high Pressures [J]. Fuel, 1955, 34：449-462.

[114] Czaplinshi A, Holda S. Simultaneous testing of kinetics of expansion and sorption in coal of carbon dioxide [J]. Archivwum Gornickwa, 1982, 16：227-231.

[115] Lama R D, Bodziony J. Management of outburst in underground coal mines [J]. Int. J. Coal Geology, 1998, 35(1)：83-115.

[116] Mahajan O P. coal porosity, in coal structure [M]. Meyers. R. A. (Ed.) Academic press, New York, NY, USA, 1982：51-86.

[117] Reucroft P J, Patel K B, Surface area and swell ability of coal [J]. Fuel, 1983, 62：279-284.

[118] Reucroft P J, Patel K B, Gas-induced swelling in coal [J]. Fuel, 1986, 65：816-820.

[119] Gray I. Reservoir engineering in coal seams：part 1：The physical process of gas storage and movement in coal seams [J]. SPE Reservoir Engineering, 1987, 2：28-34.

[120] Sethuraman A R. Gas and vapor induced coal swelling [J]. American Chemical Society, 1987, 32：259-264.

[121] Stefanska C G. Influence of carbon dioxide and methane on changes of Sorption and dilatometric properties of bituminous coals [J]. Archiwum Gornictwa, 1990, 35：105-113.

[122] Harpalani S. Permeability changes resulting from gas desorption [M]. Quarterly Review of Methane From Coal Seams Technology, 1989：58-61.

[123] Milewska D J, Cegarska S G, Duda J. A comparison of theoretical and empirical expansion of coals In the high-pressure sorption of methane [J]. Fuel, 1994, 73：971-974

[124] Seidle J P, Huitt L G. Experimental measurement of coal matrix shrinkage due to gas desorption and implications for cleat permeability increases [C]. Paper SPE 30010, Proceedings of the international meeting on petroleum engineering, Beijing, China, 1995：575-582.

[125] Levine J R. Model study of the influence of matrix shrinkage on absolute permeability of coal bed reservoirs [J]. Geological Society Publication, 1996, (199)：197-212.

[126] Harpalani S, Chen G. Effects of gas production on porosity and permeability of coal, Symposium on coalbed methane research and development in Australia [M]. James cook University of North Queensland, Townsville, Australia, 1992：67-79.

[127] George J D St, Barakat M A. The change in effective stress associated with shrinkage from gas desorption in coal [J]. International Journal of Coal Geology, 2001, 45 (2)：105-113.

[128] Chikatamarala L, Xiaojun C, Bustin R M. Implications of volumetric swelling/ shrinkage of coal in sequestration of acid gases [A] //2004 International Coalbed Methane Symposium Proceedings [C]. Tuscaloosa, Alabama, 2004.

[129] 姜永东，鲜学福，粟健. 单一岩石变形特性及本构关系的研究 [J]. 岩土力学，2005，26(6)：941-946.

[130] 姜永东. 三峡库区边坡岩土体蠕滑与控制的现代非线性科学研究 [D]. 重庆大学博士学位论文，2006.

[131] 谭学术，鲜学福，张广洋. 煤的渗透性研究 [J]. 西安矿业学报学报，1994(1)：22-26.

[132] 程瑞端，陈海焱，鲜学福. 温度对煤样渗透系数影响的实验研究 [J]. 煤炭工程师，1998(1)：13-17.

[133] 王宏图，李晓红，鲜学福. 地电场作用下煤中甲烷气体渗流性质的实验研究 [J]. 岩石力学与工程学报，2004，23(2)：303-305.

[134] 孙培德. 煤层瓦斯流场流动规律的研究 [J]. 煤炭学报，1987，12(4).

[135] 周世宁，孙辑正. 煤层瓦斯流动理论及其应用 [J]. 煤炭学报，1965，2(1)：24-36.

[136] 周世宁. 瓦斯在煤层中流动的机理 [J]. 煤炭学报，1990，15(1)：15-24.

[137] 赵阳升. 煤体-瓦斯耦合数学模型及数值解法 [J]. 岩石力学与工程学报，1994，13(3)：229-239.

[138] 梁冰，章梦涛，王泳嘉. 煤层瓦斯渗流与煤体变形的耦合数学模型及数值解法 [J]. 岩石力学与工程学报，1996，15(2)：135-142.

[139] 汪有刚，刘建军，杨景贺，等. 煤层瓦斯流固耦合渗流的数值模拟 [J]. 煤炭学报，2001，26(3)：286-289.

[140] 李志强. 重庆沥鼻峡背斜煤层气富集成藏规律及有利区带预测研究 [D]. 重庆大学博士学位论文，2008.

[141] 李玮，闫铁. 分形岩石力学及其在石油工程中的应用 [M]. 北京：石油工业出版社，2012.

[142] 陈勉，庞飞，金衍. 大尺寸真三轴水力压裂模拟与分析 [J]. 岩石力学与工程学报，2000，19(增)：868-872.

[143] 连志龙，张劲，王秀喜，等. 水力压裂扩展特性的数值模拟研究 [J]. 岩土力学，2009，30(1)：169-174.

[144] 孙炳兴，王兆丰，伍厚荣. 水力压裂增透技术在瓦斯抽采中的应用 [J]. 煤炭科学技术，2010，38(11)：78-80，119.

[145] 段康廉，冯增朝. 低渗透煤层钻孔与水力割缝瓦斯排放的实验研究 [J]. 煤炭学报，2002，17427(1)：50-53.

[146] 黄小波. 高压水射流煤层割缝技术关键参数优化 [M]. 重庆大学硕士学位论文，2012.

[147] 常宗旭，邵保平. 煤岩体水射流破碎机理 [J]. 煤炭学报，2008，33(9)：983-987.

[148] 李晓红，卢义玉. 高压脉冲水射流提高松软煤层透气性的研究 [J]，煤炭学报，2008，33(12)：1386-1390.

[149] 孙可明. 低渗透煤层气开采与注气增产流固耦合理论及其应用 [D]. 辽宁工程技术大学博士学位论文，2004.

[150] 潘井澜，梁伟东. 预裂爆破技术的发展 [J]. 金属矿山，1996(9)：12-14.

[151] 铁道部科学研究院西南研究所. 光面爆破和预裂爆破技术(上) [J]. 铁道建筑，1976(1)：1-7.

[152] 铁道部科学研究院西南研究所. 光面爆破和预裂爆破技术(下) [J]. 铁道建筑，1976(2)：5-12.

[153] 李会良. 深孔控制卸压爆破防突措施理论探讨 [J]. 煤矿安全，1994(6)：22-27.

[154] 徐阿猛. 深孔预裂爆破抽采瓦斯的研究 [M]. 重庆大学硕士学位论文，2007.

[155] Gray I. Reservoir engineering in coal seams：Part1—The physical process of gas storage and movement in coal seams [J]. SPE Reservoir Engineering, Feb. 1987：28-34.

[156] Gray I. Reservoir engineering in coal seams：Part2—Observations of gas movement in coal seams

[J]. SPE Reservoir Engineering，Feb. 1987：28-34.

[157] 白建梅. 樊庄煤层气多分支水平井开采技术跟踪研究 [M]. 中国石油大学(华东)工程硕士学位论文，2009.

[158] 何学秋. 交变电磁场对煤吸附瓦斯的影响 [J]. 煤炭学报，1996，21(1)：63-67.